普通高等教育通识类课程教材

计算机信息素养基础实践教程

王　锦　姚晓杰　王立武　杨明学　陈　艳　王　毅　编著

中国水利水电出版社

www.waterpub.com.cn

·北京·

内 容 提 要

本书是与《计算机信息素养基础》配套使用的一本实践教材，主要介绍与《计算机信息素养基础》中各章基本理论、基本操作和基本应用相关的操作知识。

本书从计算机的实际操作出发，针对相应的难点、重点和常见问题设计了丰富的实践操作内容，以实际操作为主线，对实际操作过程和操作结果配有详细的文字和图片说明，并布置了相关练习，方便学生学习使用。在实践操作之前，对本次练习涉及的理论内容进行简单复习。

本书主要内容包括：计算机操作基础、Windows 10 操作系统、文字处理软件 Word、演示文稿处理软件 PowerPoint、电子表格处理软件 Excel、实用软件、计算机网络操作基础。

本书可作为普通高等院校本科及高职高专院校的学生学习计算机基础知识和常用办公软件的上机实践教材，也可作为相关读者的自学参考书。

图书在版编目（CIP）数据

计算机信息素养基础实践教程 / 王锦等编著. -- 北京 : 中国水利水电出版社，2021.6（2021.8 重印）
普通高等教育通识类课程教材
ISBN 978-7-5170-9673-3

Ⅰ. ①计… Ⅱ. ①王… Ⅲ. ①电子计算机—教材
Ⅳ. ①TP3

中国版本图书馆CIP数据核字(2021)第117571号

策划编辑：崔新勃　　责任编辑：陈红华　　加工编辑：孙　丹　　封面设计：李　佳

书　　名	普通高等教育通识类课程教材 计算机信息素养基础实践教程 JISUANJI XINXI SUYANG JICHU SHIJIAN JIAOCHENG
作　　者	王　锦　姚晓杰　王立武　杨明学　陈　艳　王　毅　编著
出版发行	中国水利水电出版社 （北京市海淀区玉渊潭南路 1 号 D 座　100038） 网址：www.waterpub.com.cn E-mail: mchannel@263.net（万水） 　　　　 sales@waterpub.com.cn 电话：(010) 68367658（营销中心）、82562819（万水）
经　　售	全国各地新华书店和相关出版物销售网点
排　　版	北京万水电子信息有限公司
印　　刷	三河市铭浩彩色印装有限公司
规　　格	184mm×260mm　16 开本　13 印张　324 千字
版　　次	2021 年 6 月第 1 版　2021 年 8 月第 2 次印刷
定　　价	42.00 元

前　　言

随着信息技术在社会各个领域的应用和普及，计算机已成为人们工作、学习和生活中不可缺少的重要工具。掌握计算机基本理论知识及常用操作也是当代信息社会的普遍要求。计算机基础理论和基本操作是高等院校各专业学生的必修课程，其在培养学生的计算机应用能力与素养方面具有基础性和先导性的重要作用，也是学生学习其他学科的重要工具，通过本课程的学习可为学生将来步入社会参加工作奠定必要的基础。

本书是与《计算机信息素养基础》配套使用的一本实践教材，由编者们在总结多年的计算机基础课程教学经验和参与教学改革实践的基础上编写而成。

全书共分为以下七章：

第 1 章介绍计算机操作基础，包括计算机系统基本组成、计算机的启动和退出操作、鼠标和键盘的使用、打字基础等内容。

第 2 章介绍 Windows 10 操作系统，以 Windows 10 为基础介绍 Windows 操作系统的相关知识和操作技能。

第 3 章介绍文字处理软件 Word，包括文本、段落和页面的基本编辑、排版及各功能的高级使用技巧等。

第 4 章介绍演示文稿处理软件 PowerPoint，包括演示文稿的设计、制作和播放等一系列操作。

第 5 章介绍电子表格处理软件 Excel，包括基本数据的输入、公式和函数的使用、表格的格式化、数据管理和图表操作等。

第 6 章从实用角度出发，介绍了几个实用的工具软件。

第 7 章介绍计算机网络操作基础，通过实例说明网络的基本设置和应用、邮箱的申请和邮件的收发、搜索引擎的使用、文件的上传和下载等常用网络操作。

本书内容丰富、阐述详尽、通俗易懂，书中各章的实训内容和练习均结合实际案例，引入相关知识点、常用操作技能。学生既可以在教师的指导下完成实训任务，又可以通过书中的说明自己动手完成实训，达到自学的目的。实训环节可加深和巩固学生的理论知识，使学生在较短的时间内快速、全面地掌握日常工作、学习和生活中所需的计算机基本知识和常用技能。

本书由王锦、姚晓杰、王立武、杨明学、陈艳、王毅编写。具体分工如下：第 1 章和第 7 章由王锦编写，第 2 章由杨明学编写，第 3 章由王立武编写，第 4 章由王毅编写，第 5 章由陈艳编写，第 6 章由姚晓杰编写。

在编写本书过程中使用了大量教学环节中的教案，参考了大量的资料，在此对各位作者表示感谢。由于时间仓促及编者水平有限，书中可能会有不完善和疏漏之处，恳请广大读者批评指正。

编　者

2021 年 2 月

目　　录

第 1 章　计算机操作基础

本章实训的基本要求：
- 了解微型计算机的基本硬件。
- 掌握计算机打字的方法。
- 了解 360 安全软件的使用方法。

实训项目 1　认识计算机硬件系统

一、实训目的

（1）复习计算机硬件的有关知识。
（2）了解微型计算机的硬件组成。

二、实训准备

微型计算机的硬件系统由五大部分组成：运算器、控制器、存储器、输入设备和输出设备，如图 1-1 所示。计算机的五大部分通过系统总线完成指令所传达的任务。系统总线由地址总线、数据总线和控制总线组成。

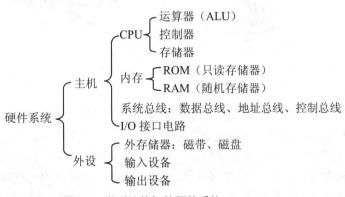

图 1-1　微型计算机的硬件系统

微型计算机的基本硬件有主机、显示器、键盘、鼠标、音箱等。

三、实训内容及步骤

1. 主机

主机（图 1-2）是计算机硬件系统中用于放置主板及其他主要部件的容器。主要部件通常包括 CPU、内存、硬盘、光驱、电源以及其他输入输出控制器和接口，如 USB 控制器、显卡、网卡、声卡等。位于主机箱内的部件通常称为内设，而位于主机箱之外的部件通常称为外设（如显示器、键盘、鼠标、外接硬盘、外接光驱等）。通常，主机自身（装上软件后）已经是一台能够独立运行的计算机系统，服务器等有专门用途的计算机通常只有主机，没有其他外设。

图 1-2　主机

2. 显示器

显示器（图 1-3）属于计算机（也称电脑）的 I/O（输入输出）设备，可以分为 CRT、液晶显示器等。它是一种将一定的电子文件通过特定的传输设备显示到屏幕上再反射到人眼的显示工具。显示器通常也称监视器。

图 1-3　显示器

3. 键盘

键盘（图 1-4）是用于操作计算机设备运行的一种指令和数据输入装置，也指经过系统安排操作一台机器或设备的一组功能键（如打字机、计算机键盘）。键盘是最常用的也是最主要的输入设备，通过键盘可以将英文字母、数字、标点符号等输入计算机中，从而向计算机发出命令、输入数据等。还有一些带有各种快捷键的键盘。随着时间的推移，市场上也出现了独立的具有各种快捷功能的键盘产品，这些键盘带有专用的驱动和设定软件，在兼容机上也能实现个性化的操作。为了适应不同用户的需要，常规键盘具有 CapsLock（字母大小写锁定）、NumLock（数字小键盘锁定）、ScrollLock（滚动锁定键）三个指示灯（部分无线键盘已经省略这三个指示灯），用于标志键盘的当前状态。这些指示灯一般位于键盘的右上角，但有一些键盘采用键帽内置指示灯，这种设计可以更容易地判断键盘当前状态，但工艺相对复杂，所以大部分普通键盘均未采用此项设计。键盘的按键数可以为 83 键、87 键、93 键、96 键、101 键、102 键、104 键、107 键等。104 键键盘在 101 键键盘的基础上为 Windows 9X 平台增加了三个快捷键（有两个是重复的），所以也称 Windows 9X 键盘。但在实际应用中习惯使用　　Windows

9X 键盘的用户并不多。在某些需要大量输入单一数字的系统中还有一种小型数字输入键盘，基本上就是将标准键盘的小键盘独立出来，以达到缩小体积、降低成本的目的。

图 1-4　键盘

4. 鼠标

鼠标（图 1-5）是计算机的一种外接输入设备，也是计算机显示系统纵横坐标定位的指示器，因形似老鼠而得名。其标准称呼应该是"鼠标器"，英文名为 Mouse。鼠标的使用是为了使计算机的操作更加简便快捷（鼠标的操作可以代替键盘烦琐的指令）。

图 1-5　鼠标

鼠标是 1964 年由美国加州大学伯克利分校博士道格拉斯·恩格尔巴特（Douglas Engelbart）发明的。鼠标按工作原理的不同可以分为机械鼠标和光电鼠标。机械鼠标主要由滚球、辊柱和光栅信号传感器组成。当拖动鼠标时，带动滚球转动，滚球又带动辊柱转动，装在辊柱端部的光栅信号传感器产生的光电脉冲信号反映出鼠标在垂直方向和水平方向的位移变化，再通过计算机程序的处理和转换来控制屏幕上光标箭头的移动。光电鼠标通过检测鼠标器的位移，将位移信号转换为电脉冲信号，再通过程序的处理和转换来控制屏幕上的鼠标箭头的移动。光电鼠标用光电传感器代替了滚球，这类传感器需要特制的、带有条纹或点状图案的垫板配合使用。

5. 音箱

音箱（图 1-6）是可将音频信号转换为声音的一种设备。通俗地讲就是音箱主机箱体或低音炮箱体内自带功率放大器，对音频信号进行放大处理后由音箱本身回放出声音，使声音变大。音箱是整个音响系统的终端，其作用是把音频电能转换成相应的声能，并将其辐射到空间。它是音响系统极其重要的组成部分，担负着把电信号转换成声信号供人的耳朵直接聆听的任务。音箱按照喇叭的数量可以分为 2.0 音箱、2.1 音箱、5.1 音箱等。

图 1-6　音箱

实训项目 2   金山打字通软件

启动金山打字通软件，出现的界面如图 1-7 所示。

图 1-7   金山打字通软件

一、实训目的

（1）熟练掌握金山打字通软件的使用方法。

（2）熟悉键盘的布局，掌握正确的键盘打字方法。

二、实训准备

安装"金山打字通"软件。

三、实训内容及步骤

1. 熟悉键盘

学会用正确的键盘指法打字，这对以后使用计算机是很重要的。正确的指法有利于快速实现盲打，避免一直看着键盘打字。

（1）认识键盘。键盘是计算机的标准输入设备，常用的键盘有 101 键键盘、104 键键盘等。按照功能的不同，键盘分为主键盘区、功能键区、控制键区、状态指示区、数字键区五个区域。键盘的界面如图 1-8 所示。

图 1-8   键盘的界面

（2）正确的打字姿势。

- 屏幕及键盘应该在使用者的正前方，不要让脖子及手腕处于倾斜的状态。
- 屏幕的中心应比眼睛的水平低，屏幕最少要离眼睛一个手臂的距离。
- 要坐直，不要半坐半躺。
- 大腿应尽量保持与前手臂平行的姿势。
- 手、手腕及手肘应保持在一条直线上。
- 双脚轻松平稳地放在地板或脚垫上。
- 座椅高度应调到使手肘有近 90° 弯曲，使手指能够自然地放在键盘的正上方。
- 腰背贴近椅背，背靠斜角保持在 10°～30°。

正确的打字姿势如图 1-9 所示（图片来自网络）。

图 1-9　正确的打字姿势

（3）基准键位。主键盘区有 8 个基准键位，分别是[A][S][D][F][J][K][L][;]，如图 1-10 所示。

图 1-10　基准键位

打字之前要将左手的小指、无名指、中指、食指分别放在[A][S][D][F]键上；将右手的食指、中指、无名指、小指分别放在[J][K][L][;]键上；两个拇指轻放在空格（Space）键上。

（4）手指分工。打字时双手的 10 个手指有明确的分工，只有按照正确的手指分工打字，才能实现盲打和提高打字速度。手指分工如图 1-11 所示。

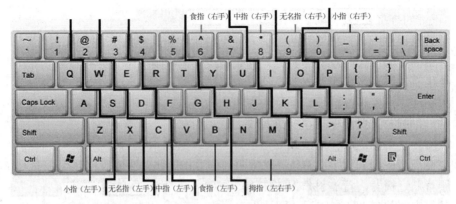

图 1-11　手指分工

（5）主键盘区击键方法。主键盘区两手的正确击键方法如图 1-12 所示。

图 1-12　主键盘区两手的正确击键方法

键盘指法击键步骤如下：

第 1 步　将手指放在键盘上（手指放在八个基本键上，两个拇指轻放在 Space 键上）。

第 2 步　练习击键。

例如要打 D 键，方法如下：

● 提起左手约离键盘 2 厘米；

● 向下击键时中指向下弹击 D 键，其他手指同时稍向上弹开，击键要能听见响声。

击其他键的方法类似，请读者自己体会。养成正确的习惯很重要，而错误的习惯很难改正。

第 3 步　熟悉八个基本键的位置（请保持第 2 步所述的正确的击键方法）。

第 4 步　练习非基本键的打法。

例如要打 E 键，方法如下：

● 提起左手约离键盘 2 厘米；

● 整个左手稍向前移，同时用中指向下弹击 E 键，同一时间其他手指稍向上弹开，击键后四个手指迅速回位，注意右手不要动，击其他键方法类似。

第 5 步　继续练习，达到即见即打水平。

1）键盘左半部分由左手负责，右半部分由右手负责。

2）每只手指都有固定对应的按键：

● 左小指：[`][1][Q][A][Z]；

● 左无名指：[2][W][S][X]；

● 左中指：[3][E][D][C]；

- 左食指：[4][5][R][T][F][G][V][B]；
- 左右拇指：Space 键；
- 右食指：[6][7][Y][U][H][J][N][M]；
- 右中指：[8][I][K][,]；
- 右无名指：[9][O][L][.]；
- 右小指：[0][-][=][P][[][]][;][']/[][\]。

3）[A][S][D][F][J][K][L][;]八个按键称为"导位键"，可以帮助您经由触觉取代眼睛，用来定位手或键盘上的其他键，即所有键都能经由导位键来定位。

4）Enter 键在键盘的右边，使用右手小指按键。

5）有些键有两个字母或符号，如数字键常用来输入数字及其他特殊符号。用右手击打特殊符号时，左手小指按住 Shift 键；若以左手击打特殊符号，则用右手小指按住 Shift 键。

（6）数字键区击键方法。数字键区又称小键盘。小键盘的基准键位是"4，5，6"，分别由右手的食指、中指和无名指负责。在基准键位基础上，小键盘左侧自上而下的"7，4，1"三键由食指负责；同理，中指负责"8，5，2"；无名指负责"9，6，3"和"."；右侧的"-，+，↵"由小指负责；拇指负责"0"。小键盘指法分布如图 1-13 所示。

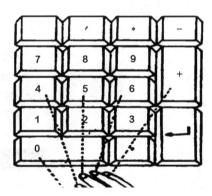

图 1-13　小键盘指法分布

2. 英文打字

（1）英文字母大小写。英文字母有两种状态：大写英文字母和小写英文字母。切换英文字母的大小写要用到 CapsLock 键。

CapsLock 键（大写字母锁定键，也称大小写换挡键）：位于主键盘区最左边的第三排，如图 1-14 所示。每按一次 CapsLock 键，英文大小写字母的状态就改变一次。

图 1-14　CapsLock 键

CapsLock 键还有一个位于键盘"状态指示区"的信号灯，如图 1-15 所示。CapsLock 的信号灯亮了，就是大写字母状态，否则为小写字母状态。

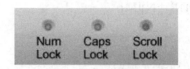

图 1-15   CapsLock 键信号灯

（2）提高英文打字速度。提高打字速度的前提是，在平时的指法训练中，要坐姿端正、指法正确。英文字母输入的基本要求一是准确，二是快速。

正确的指法、准确地击键是提高输入速度和正确率的基础。不要盲目追求速度，在保证准确的前提下，速度的要求如下：初学者为 100 字符/分钟，150 字符/分钟为及格，200 字符/分钟为良好，250 字符/分钟为优秀。

3. 拼音打字

（1）可以用以下两种方法选择中文输入法。

1）使用语言工具栏：在语言栏中单击"中文"按钮（图 1-16），调出图 1-17 所示的输入法菜单，选择所需的输入法命令，调出输入法。

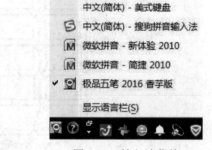

图 1-16   "中文"按钮   图 1-17   输入法菜单

2）使用快捷键：使用 Ctrl+Space 组合键在中文和英文输入法之间切换；使用 Ctrl+Shift 组合键在各种输入法之间切换。

（2）设置输入法。可以为经常使用的输入法设置热键，设置方法如下。

1）在输入法状态条上右击，将弹出一个快捷菜单，如图 1-18 所示。

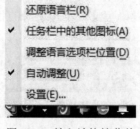

图 1-18   输入法快捷菜单

2）在快捷菜单中单击"设置"选项，将出现图 1-19 所示的"文本服务和输入语言"对话框，选择"高级键设置"选项卡，如图 1-20 所示。

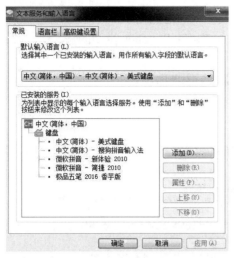

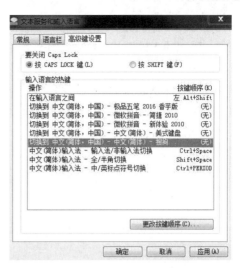

图 1-19　"文本服务和输入语言"对话框　　　　图 1-20　"高级键设置"选项卡 1

3）在图 1-20 所示的对话框中，选择"输入语言的热键"列表框中的"切换到中文（简体，中国）-中文（简体）-搜狗拼音输入法"，单击"更改按键顺序"按钮，将出现"更改按键顺序"对话框，如图 1-21 所示。

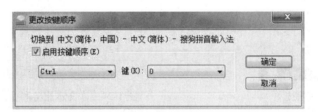

图 1-21　"更改按键顺序"对话框

4）勾选"启用按键顺序"复选框，选择热键 Ctrl+0，单击"确定"按钮，保存更改并关闭此对话框，返回图 1-22 所示的对话框。

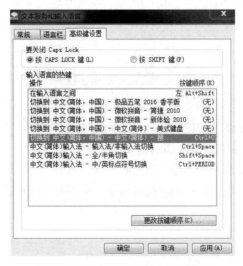

图 1-22　"高级键设置"选项卡 2

5）按 Ctrl+0 组合键，在搜狗拼音输入法和英文输入法之间切换。

（3）删除输入法。为了提高操作速度，可以添加或删除 Windows 默认的输入法，只保留常用输入法。

1）在输入法状态条上右击，将弹出一个快捷菜单，如图 1-23 所示。

2）在快捷菜单中单击"设置"选项，将出现图 1-24 所示的"文本服务和输入语言"对话框。

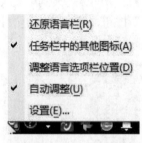

图 1-23　输入法快捷菜单

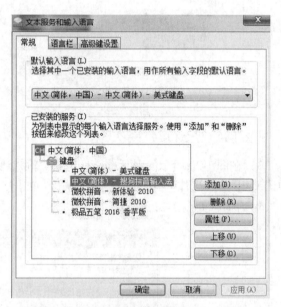

图 1-24　"文本服务和输入语言"对话框

3）在对话框中，选择"中文（简体）-搜狗拼音输入法"项，单击"删除"按钮，删除该输入法。

4）如果要删除多种输入法，则可以重复第 3）步操作，最后单击"确定"按钮。

（4）输入法状态条的使用。所有汉字输入法的状态条上都有 5 个按钮，如图 1-25 所示，从左向右依次为"中文/英文"切换、"中文输入"状态、"全角/半角"切换、"中文/英文标点"切换、"软键盘"。

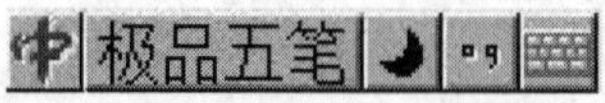

图 1-25　输入法状态条

切换方法如下：除了可以单击按钮在相应的两个状态之间切换外，还可以使用快捷键。

1）中文/英文标点切换：按 Ctrl+.组合键。

2）全角/半角切换：按 Shift+Space 组合键。

3）中文和英文大写切换：在中文输入状态下，按 CapsLock 键。

四、实训练习

启动金山打字通软件，出现的界面如图 1-26 所示。

图 1-26　金山打字通软件界面

1. 英文打字

单击图 1-26 中的"英文打字"按钮，将出现图 1-27 所示的英文打字界面。

图 1-27　英文打字界面

（1）单词练习。单击图 1-27 中的"单词练习"按钮，将出现图 1-28 所示的英文单词练习界面，开始在软件中练习输入英文单词。

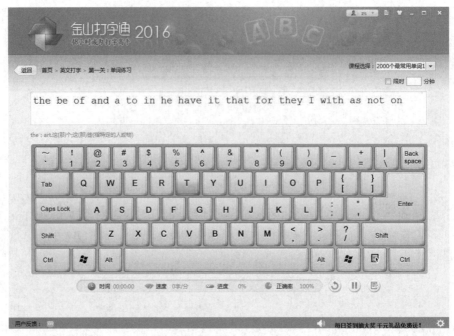

图 1-28　输入英文单词练习界面

（2）语句练习。单击图 1-27 中的"语句练习"按钮，将出现图 1-29 所示的英文语句练习界面，开始在软件中练习输入英文语句。

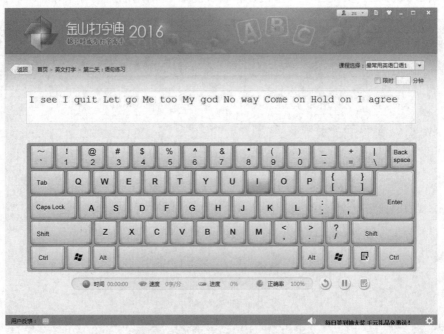

图 1-29　输入英文语句练习界面

（3）文章练习。单击图 1-27 中的"文章练习"按钮，将出现图 1-30 所示的英文文章练习界面，开始在软件中练习输入英文文章。

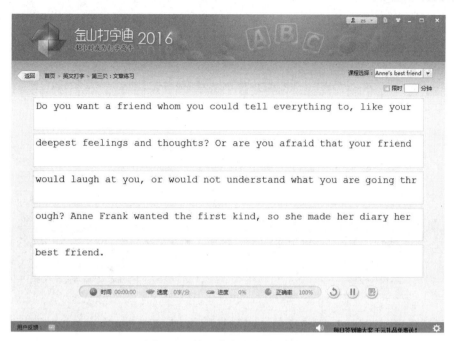

图 1-30　输入英文文章练习界面

2. 拼音打字

单击图 1-26 中的"拼音打字"按钮，将出现图 1-31 所示的拼音打字界面。

图 1-31　拼音打字界面

（1）音节练习。单击图 1-31 中的"音节练习"按钮，将出现图 1-32 所示的音节练习界面，开始在软件中练习输入音节。

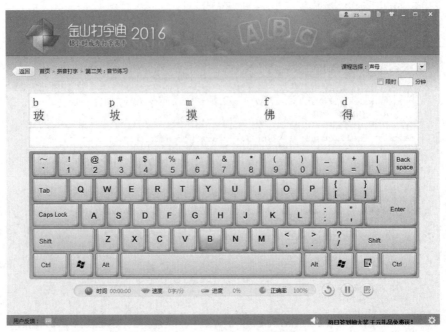

图 1-32　输入音节练习界面

（2）词组练习。单击图 1-31 中的"词组练习"按钮，将出现图 1-33 所示的词组练习界面，开始在软件中练习输入词组。

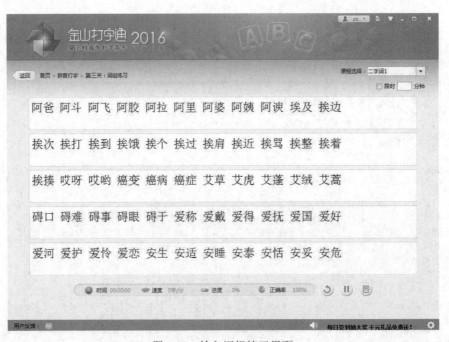

图 1-33　输入词组练习界面

（3）文章练习。单击图 1-31 中的"文章练习"按钮，将出现图 1-34 所示的文章练习界面，开始在软件中练习输入文章。

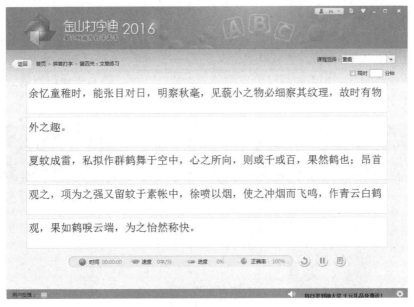

图 1-34　输入文章练习界面

实训项目 3　360 安全卫士软件

一、实训目的

熟练掌握 360 安全卫士软件的使用方法。

二、实训准备

安装 360 安全卫士软件。

360 安全卫士软件的使用方法很简单。首先到 360 安全卫士官方网站（weishi.360.cn）（图 1-35）下载最新的软件版本并进行安装。

图 1-35　360 安全卫士官方网站

　　软件安装后，360 安全卫士会自动开启木马防火墙，这样就可以对计算机进行保护了。第一次安装完成后打开软件，它会给计算机进行全面体检，体检后进行一键修复（以后每隔一段时间便会给计算机体检一次）。然后根据提示完成一些功能，有查杀流行木马病毒、清理恶意软件、修复系统漏洞等。平时可以打开它的监视功能，在屏幕的右下角可以看到它的图标。

　　启动 360 安全卫士软件，出现的界面如图 1-36 所示。

图 1-36　360 安全卫士软件界面

　　360 安全卫士是国内知名的免费杀毒软件，不仅有杀毒功能，还有很多其他功能，如进行电脑体检，优化加速，清理电脑垃圾，进行宽带测速，检查网络问题，使用软件管家进行软件管理，强力删除顽固文件等。

三、实训内容及步骤

1. 电脑体检

（1）电脑体检功能。

1）故障检测（检测系统、软件是否有故障）。

2）垃圾检测（检测系统是否有垃圾）。

3）安全检测（检测是否有病毒、木马、漏洞等）。

4）速度提升（检测系统运行速度是否可以提升）。

（2）电脑体检方法。单击图 1-36 中的"电脑体检"按钮，将出现图 1-37 所示的界面，单击"一键修复"按钮即可对计算机进行体检修复。体检修复后的结果如图 1-38 所示。

2. 木马查杀

（1）木马查杀功能。

1）进行木马查杀，修复系统漏洞，保持计算机健康。

2）定期进行查杀修复，可以使计算机更加安全、更加健康，清除木马病毒，避免木马病毒入侵计算机，对计算机造成威胁。

图 1-37　电脑体检窗口

图 1-38　对计算机体检修复后的结果

（2）木马查杀方法。单击图 1-36 中的"木马查杀"按钮，将出现图 1-39 所示的界面。单击"快速查杀""全盘查杀"或"按位置查杀"按钮进行木马查杀。木马查杀后的结果如图 1-40 所示。

3．电脑清理

（1）电脑清理功能。

1）清理垃圾（清理计算机中的垃圾文件）。

2）清理痕迹（清理浏览器使用痕迹）。

3）清理注册表（清理无效的注册表项目）。

4）清理插件（清理无用的插件，减少打扰）。

5）清理软件（清理推广、弹窗等不常用的软件）。

6）清理 Cookies（清理上网、玩游戏、购物等的记录）。

（2）电脑清理方法。单击图 1-36 中的"电脑清理"按钮，将出现图 1-41 所示界面。可以从界面中选择相应的按钮，对计算机进行清理。

图 1-39　木马查杀界面

图 1-40　木马查杀后的结果

图 1-41　电脑清理界面

4. 系统修复

（1）系统修复功能。

1）常规修复（修复常规的故障）。

2）漏洞修复（修复一些漏洞）。

3）软件修复（修复软件中的故障）。

4）驱动修复（修复驱动程序的故障）。

（2）系统修复方法。单击图 1-36 中的"系统修复"按钮，将出现图 1-42 所示的界面。可以从界面中选择相应的按钮，进行系统修复。

图 1-42　系统修复界面

5. 优化加速

（1）优化加速功能。

1）全面加速（全面提升计算机开机速度、系统响应速度、上网速度、硬盘运行速度）。

2）开机加速（优化软件自启动状态）。

3）系统加速（优化系统和内存设置）。

4）网络加速（优化网络配置和性能）。

5）硬盘加速（优化硬盘传输效率）。

（2）优化加速方法。单击图 1-36 中的"优化加速"按钮，将出现图 1-43 所示界面。可以从界面中选择相应的按钮，进行优化加速。

6. 软件管家

（1）软件管家功能。

1）下载软件。

2）升级软件。

3）卸载软件。

图 1-43　优化加速界面

（2）软件管家使用方法。单击图 1-36 中的"软件管家"按钮，将出现图 1-44 所示界面。可以从界面中选择相应的按钮，使用软件管家的相应功能。

图 1-44　软件管家界面

四、实训练习

一般情况下，360 安全卫士在开机时会自动启动，所以在屏幕右下方的任务栏（图 1-45）中，单击该软件的图标就可以打开软件，其界面如图 1-46 所示。

图 1-45　任务栏

1．电脑体检

（1）在 360 安全卫士软件界面（图 1-46）单击"立即体检"按钮，360 安全卫士会对计算机进行体检。

图 1-46　360 安全卫士软件界面

（2）电脑体检结果（图 1-47）出来之后，可以选择要清理的部分进行清理，或者单击"一键修复"按钮进行全面清理。

图 1-47　电脑体检结果

（3）修复完成。此时 360 安全卫士对计算机的修复就大功告成了。修复完成后可以看到相关数据，例如体检扫描了多少项问题、修复了多少个问题项、清理了多少垃圾，如图 1-48 所示。

图 1-48　修复完成的结果

2．木马查杀

（1）在 360 安全卫士软件界面（图 1-46）单击"木马查杀"按钮，将出现图 1-49 所示的"木马查杀"界面。360 安全卫士会对计算机进行木马病毒的查杀及系统漏洞检测。

图 1-49　木马查杀界面

（2）能选择的扫描方式包括"快速查杀""全盘查杀""按位置查杀"。选择"按位置查杀"后将出现图 1-50 所示的对话框。从该对话框中选择要扫描的区域，单击"开始扫描"按钮进行扫描。

图 1-50　"306 木马查杀"对话框

（3）扫描完成后，将出现如图 1-51 所示的木马查杀结果界面。在该界面中，会提醒有没有发现木马病毒、有没有危险项，如发现异常，则系统会提醒进行相应操作。

图 1-51　木马查杀的结果

（4）在图 1-51 中，单击"一键处理"按钮，将处理发现的木马病毒、危险项及异常，处理结果如图 1-52 所示。

3. 电脑清理

（1）在 360 安全卫士软件界面（图 1-46）单击"电脑清理"按钮，将出现图 1-53 所示的电脑清理界面。单击"全面清理"按钮，开始清理，一般扫描速度是比较快的，如果不想扫描了，可以单击右上方的"取消扫描"按钮。

（2）扫描结束后，将出现图 1-54 的扫描结果，选择需要清理的文件，单击"一键清理"按钮，清除垃圾。

图 1-52　木马查杀处理的结果

图 1-53　电脑清理界面

图 1-54　扫描结果

（3）清理完成将显示图 1-55 所示的界面。显示的内容包括总共清理掉了多少项目、节省了多大的空间，此时计算机垃圾就清理完毕了。

图 1-55　电脑清理后的结果

4．优化加速

优化加速功能将全面提升计算机的开机速度、系统响应速度、上网速度、硬盘运行速度等。

（1）在 360 安全卫士软件界面（图 1-46）单击"优化加速"按钮，将出现图 1-56 所示的优化加速界面。

图 1-56　优化加速界面

（2）选择需要加速的类型，如"开机加速""系统加速""网络加速""硬盘加速"或"全面加速"。单击"全面加速"按钮，扫描后的结果如图 1-57 所示。

图 1-57　扫描后的结果

（3）扫描完成后，单击"立即优化"按钮，就可以给计算机进行优化加速了。优化加速后的结果如图 1-58 所示。

图 1-58　优化加速后的结果

5. 软件管家

软件管家的功能有软件下载、升级、卸载。在 360 安全卫士软件界面（图 1-46）单击"软件管家"按钮，将出现图 1-59 所示的"软件管家"界面。

（1）下载软件。在"软件管家"界面可以下载软件，在图 1-59 所示界面的左边有很多软件，已经进行了分类（包括热门软件、推荐软件）可以根据分类来下载软件。也可以在界面右上方的搜索栏进行搜索，查找软件。

（2）升级软件。在软件管家的升级界面（图 1-60）中，可以对计算机中的当前软件进行升级。方法是找到想要升级的软件，单击"一键升级"按钮就可以了；如果需要对全部软件进行升级，可以勾选"全选"选项，然后单击"一键升级"按钮。

图 1-59　软件管家界面

图 1-60　软件管家的升级界面

（3）卸载软件。在软件管家的卸载界面（图 1-61）可以对计算机中当前的软件进行卸载，方法是，选中想要卸载的软件，然后单击"卸载"或者"一键卸载"按钮就可以了。如果想卸载所有的软件，可以勾选"全选"选项，然后单击"一键卸载"按钮。

图 1-61　软件管家的卸载界面

实训项目 4　360 杀毒软件

一、实训目的

（1）了解 360 杀毒软件的安装方法。

（2）掌握 360 杀毒软件的使用方法。

二、实训准备

　　360 杀毒软件是 360 公司出品的安全软件，是中国用户量最大的杀毒软件之一。360 杀毒软件是完全免费的，它创新性地整合了五大领先防杀引擎，包括国际知名的 BitDefender 病毒查杀引擎、小红伞病毒查杀引擎、360 云查杀引擎、360 主动防御引擎、360QVM 人工智能引擎。360 杀毒软件对五个引擎进行智能调度，提供全时全面的病毒防护，不但查杀能力出色，而且能第一时间防御新出现的木马病毒。360 杀毒软件完全免费，无需激活码，轻巧、快速、不卡机，误杀率远远低于其他杀毒软件。360 杀毒软件独有的技术体系对系统资源占用极少，对系统运行速度的影响微乎其微。360 杀毒软件还具备免打扰模式，在用户玩游戏或打开全屏程序时自动进入"免打扰模式"，使用户拥有更流畅的游戏环境。360 杀毒软件与 360 安全卫士是安全上网的黄金组合。

三、实训内容及步骤

1. 360 杀毒软件的下载及安装

　　在浏览器中登录 360 杀毒官网"sd.360.cn"，如图 1-62 所示。

图 1-62   360 杀毒官网

单击"正式版"或"7.0 尝鲜版"按钮就可以开始下载安装文件了。下载完后运行安装文件即可自动安装 360 杀毒软件，如图 1-63 和图 1-64 所示。

图 1-63   360 杀毒软件安装界面

图 1-64   360 杀毒软件安装过程

2. 360 杀毒软件的使用及设置

（1）在桌面右下角的通知图标处单击"360 杀毒"图标即可进入 360 杀毒软件主界面（图 1-65），单击"全盘扫描"按钮对系统进行全面扫描，杀毒软件将给出相应的问题和针对性的解决方法。

图 1-65　360 杀毒软件主界面

单击"设置"按钮，可以针对常用功能进行设置，如图 1-66 和图 1-67 所示。

图 1-66　"设置"按钮

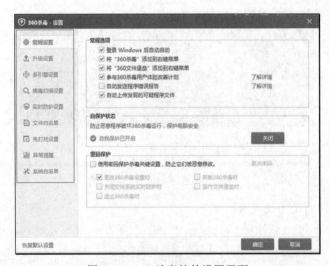

图 1-67　306 杀毒软件设置界面

在运行一些软件时，360 杀毒软件会有误报的情况，此时可以通过设置"白名单"来信任这些软件，防止运行这些软件时产生干扰。下面介绍 360 杀毒软件如何添加信任文件白名单。

1）打开 360 杀毒软件，单击右上角的"设置"按钮。

2）在"360 杀毒-设置"界面中单击"文件白名单"选项，如图 1-68 所示。

图 1-68　360 杀毒文件白名单

3）在弹出的对话框中单击"添加文件"按钮。

4）在弹出的对话框中选择要添加的文件并双击，然后单击"打开"按钮，如图 1-69 所示。

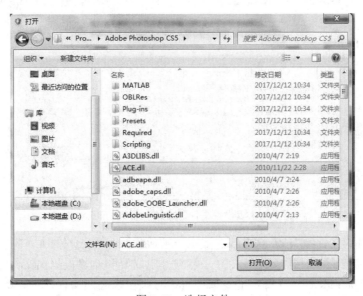

图 1-69　选择文件

5）在弹出的对话框中取消勾选"文价内容发生变化后，此白名单条目失效"复选框，然后单击"确定"按钮，如图 1-70 所示。

图 1-70　取消勾选复选框

6）此时就可以在"360 杀毒-设置"对话框的"设置文件及目录白名单"列表框中看到添加的文件了，然后单击"确定"按钮，如图 1-71 所示。

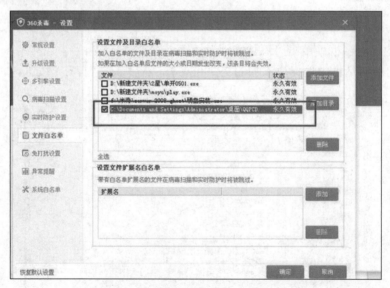

图 1-71　"设置文件及目录白名单"列表框

（2）如果有的文件被 360 杀毒软件误报而被放入隔离区，就需要重新找回（恢复）；如果不是误报则需要删除。下面介绍在 360 杀毒软件上恢复和删除被隔离文件的方法。

1）打开 360 杀毒软件，在弹出的窗口中可以看到已隔离的文件数量，单击"查看隔离文件"按钮，如图 1-72 所示。

图 1-72　查看隔离文件

2）在弹出的界面（360 恢复区）中可以看到被隔离的文件列表，如图 1-73 所示。

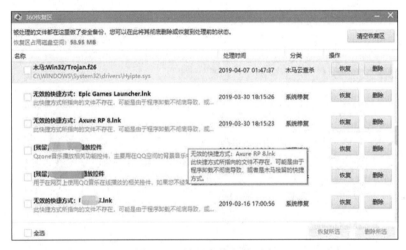

图 1-73　被隔离的文件列表

3）单击图 1-73 中的"删除"按钮，可以删除相应的隔离文件，如图 1-74 所示。

图 1-74　删除隔离文件

4）在弹出的确认对话框中单击"确定"按钮，如图 1-75 所示，删除成功。

图 1-75　确认删除

5）单击图 1-73 中的"恢复"按钮，可以恢复被误认为是病毒的文件，如图 1-76 所示。

图 1-76　恢复文件

6）在弹出的确认对话框中，单击"恢复"按钮，即可恢复被误查杀的文件，如图 1-77 所示。

图 1-77　确定恢复对话框

第 2 章　Windows 10 操作系统

本章实训的基本要求:

- 了解 Windows 10 的启动、退出方法。
- 掌握 "控制面板" 的使用。
- 重点掌握利用 "此电脑" 工具管理文件和文件夹。

实训项目 1　Windows 10 的基本操作

一、实训目的

(1) 掌握 Windows 10 启动与退出的方法。

(2) 掌握 Windows 10 中应用程序的启动、退出及切换的方法。

(3) 掌握 Windows 10 快捷方式的创建方法及桌面图标排列方式。

二、实训内容及步骤

1. Windows 10 的启动与退出

(1) 启动 Windows 10 操作系统。打开主机电源后,计算机的启动程序先进行自检,通过自检后进入 Windows 10 操作系统界面,屏幕出现 Windows 10 桌面。

(2) 重新启动 Windows 10。单击桌面左下角的 "开始" 菜单图标 ⊞,打开 "开始" 菜单,再单击 "电源" 按钮 ⏻,弹出图 2-1 所示的子菜单,选择 "重启" 命令。Windows 10 重新启动成功后,屏幕出现 Windows 10 界面。重启之前系统会关闭当前运行的程序,并将一些重要的数据保存起来。

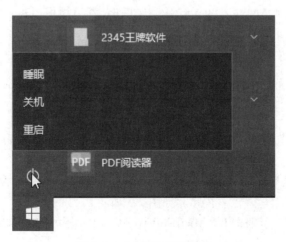

图 2-1　"电源" 菜单列表

（3）进入睡眠状态。选择图 2-1 所示菜单中的"睡眠"命令，计算机就会在自动保存内存数据后进入睡眠状态。

当用户按一下主机上的电源按钮、晃动鼠标或者按键盘上的任意键时，都可以将计算机从睡眠状态中唤醒，使其进入工作状态。

（4）注销计算机。单击桌面左下角的"开始"菜单图标，打开"开始"菜单，再单击"账户"菜单图标，在子菜单中选择"注销"命令，如图 2-2 所示，Windows 10 会关闭当前用户界面的所有程序，并出现登录界面让用户重新登录。

图 2-2 "账户"菜单列表

（5）锁定计算机。选择图 2-2 所示菜单中的"锁定"命令对计算机进行锁定。锁定后屏幕的右下角会出现"解锁"图标。当单击解锁图标时，会出现用户登录界面，必须输入正确的密码才能正常操作计算机。

（6）关闭 Windows 10。选择图 2-1 所示菜单中的"关机"命令，系统会自动关闭当前运行的程序，并保存一些重要的数据，之后关闭计算机。

2. Windows 10 中应用程序的启动、退出及切换方法

（1）应用程序的启动。

【案例 2-1】启动"写字板""此电脑"、Microsoft Word 等应用程序。

操作方法如下：

1）使用"开始"菜单启动"写字板"应用程序。选择"开始"→"Windows 附件"→"写字板"命令，即可打开"写字板"程序，如图 2-3 所示。

2）使用桌面快捷方式图标启动 Microsoft Word。双击桌面 Microsoft Word 快捷方式图标，即可打开 Word 应用程序，如图 2-4 所示。

 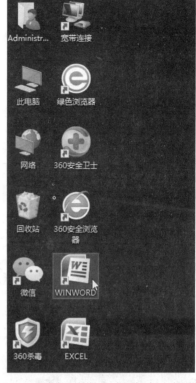

图 2-3　通过"开始"菜单启动应用程序　　　图 2-4　通过桌面快捷方式图标启动应用程序

3）使用快捷菜单启动"此电脑"应用程序。右击"此电脑"图标，在弹出的快捷菜单中选择"打开"命令，即可打开"此电脑"应用程序，如图 2-5 所示。

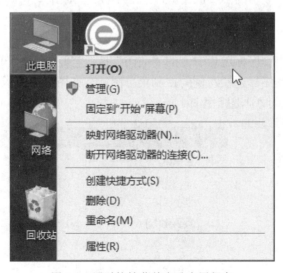

图 2-5　通过快捷菜单启动应用程序

（2）应用程序窗口之间的切换。

【**案例 2-2**】打开"写字板""画图""此电脑"和 Miorosoft Word 多个应用程序窗口，进行活动窗口切换。

操作方法如下：

1）通过鼠标进行切换。单击任务栏上对应的"画图"应用程序图标，"画图"应用程序变成活动窗口，此时便可以使用"画图"程序。

2）通过键盘进行切换。

● 通过 Alt+Esc 组合键进行切换。首先按下 Alt 键并保持，然后按 Esc 键选择需要打开的窗口。

操作提示：通过 Alt+Esc 组合键只能在非最小化的窗口之间进行切换。

● 通过 Alt+Tab 组合键进行切换。同时按下 Alt+Tab 组合键，屏幕上将出现切换缩略图，如图 2-6 所示。按住 Alt 键并保持，然后通过不断按下 Tab 在缩略图中选择需要打开的窗口。选中某个窗口后，释放 Alt 和 Tab 两个键，选中的窗口即为当前活动窗口。

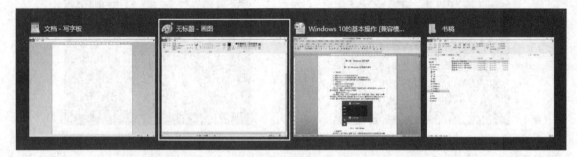

图 2-6   切换缩略图

（3）退出应用程序。

【**案例 2-3**】将图 2-6 中的多个应用程序"写字板""画图"、Miorosoft Word 及"此电脑"关闭。

操作方法如下：

1）单击"写字板"程序标题栏右侧的"关闭"按钮 ✕，关闭"写字板"。

2）单击"画图"程序标题栏左侧的控制菜单图标，如图 2-7 所示，在弹出的控制菜单中选择"关闭"命令，关闭"画图"程序。

图 2-7   控制菜单

操作提示：对于所有应用程序来说，控制菜单都是相同的。

3）双击"画图"程序标题栏左侧的控制菜单图标，也可以关闭"画图"程序。

4）同时按下 Alt 键和 F4 功能键，关闭 Word 文档。

3．Windows 10 中快捷方式的创建方法及桌面图标排列

（1）快捷方式的创建。

【案例 2-4】在桌面上为"计算器"、文件或文件夹等创建快捷方式。

快捷方式创建方法如下：

1）使用鼠标拖动创建快捷方式。选择"开始"→"Windows 附件"命令，将光标移动到"计算器"，按住鼠标左键并拖动到桌面，便在桌面创建了"计算器"快捷方式。

开始菜单中包含的各应用程序均可使用此方法创建快捷方式。

2）使用快捷菜单中的"发送到""桌面快捷方式"命令创建快捷方式。双击桌面"此电脑"图标，在打开的"此电脑"界面中双击任意盘符，例如 D:盘，鼠标指向 D:盘中的任意文件或文件夹图标，右击图标后弹出快捷菜单，选择"发送到"→"桌面快捷方式"命令，如图 2-8 所示，即可创建该文件或文件夹的快捷方式。

也可以在弹出的快捷菜单中选择"创建快捷方式"命令创建快捷方式，然后将新创建的快捷方式图标移动至桌面。

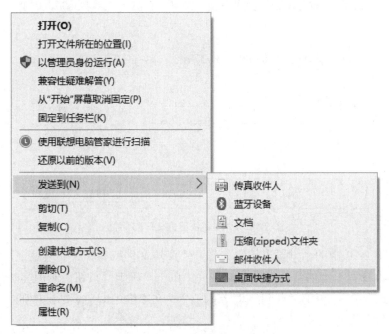

图 2-8　创建桌面图标的快捷菜单

3）使用快捷菜单中的"新建"命令创建快捷方式，方法如下：

● 右击桌面空白处，弹出桌面快捷菜单，如图 2-9 所示，选择"新建"→"快捷方式"命令，在弹出的"创建快捷方式"对话框中进行相应设置，如图 2-10 所示。

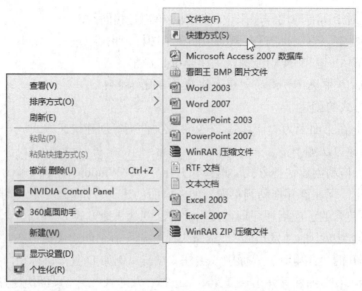

图 2-9　桌面快捷菜单

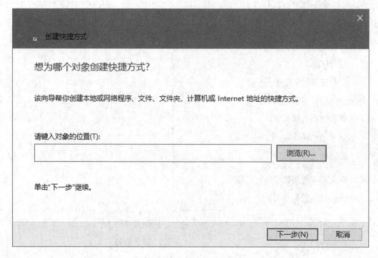

图 2-10　"创建快捷方式"对话框

- 单击图 2-10 中的"浏览"按钮，打开"浏览文件或文件夹"对话框，选择任意磁盘（比如 D:盘）上的任意文件或文件夹，单击"确定"按钮，则图 2-10 所示"创建快捷方式"对话框中的"请键入对象的位置"文本框中即显示所选中的文件或文件夹的路径和文件名。

- 单击图 2-10 中的"下一步"按钮，按照提示修改快捷方式名称，单击"完成"按钮结束操作。

4）使用对象所在窗口中的"主页"选项卡创建快捷方式。在对象所在的窗口中单击功能区中的"主页"选项卡，单击"新建项目"下拉箭头，在其下级菜单中选择"快捷方式"命令，如图 2-11 所示，后面的操作与上述使用快捷菜单中"新建"命令创建快捷方式的操作完全一致，不再重复说明。图标创建在当前文件夹中，如需要可移动到桌面。

图 2-11　通过对象所在窗口的"主页"选项卡创建快捷方式

（2）桌面图标的排列。

1）桌面图标自动排列。在桌面空白处右击，在弹出的快捷菜单中选择"自动排列图标"命令，如图 2-12 所示，完成桌面图标的自动排列，此时用鼠标拖动图标不能改变图标的位置。

2）桌面图标的排列。在桌面空白处右击，在弹出的快捷菜单中选择"排序方式"命令，如图 2-13 所示，根据需要可选择按照名称、大小、项目类型或修改日期排列桌面图标。

图 2-12　"自动排列图标"命令

图 2-13　"排序方式"命令

三、实训练习

（1）在桌面为"画图"应用程序创建快捷方式，查看桌面图标，改变图标排列方式。

（2）用不同方法依次打开"写字板""画图""此电脑"应用程序窗口，进行应用程序之间的切换，改变多个窗口的显示方式。

（3）对上述打开窗口分别进行最大化、最小化、还原、改变窗口大小、移动窗口、用不同方法关闭窗口等操作。

实训项目 2   Windows 10 的设置

一、实训目的

（1）掌握控制面板的功能及使用方法。

（2）掌握鼠标、日期和时间的设置。

（3）熟练掌握个性化设置。

二、实训内容及步骤

1．控制面板

"控制面板"和"设置"都是 Windows 10 提供的控制计算机的工具，但"设置"在功能方面还不能完全取代"控制面板"，"控制面板"的功能更加详细、全面。通过"控制面板"，用户可以查看和调整系统的设置。

选择"开始"→"Windows 系统"→"控制面板"命令，即可打开"控制面板"窗口，如图 2-14 所示。

图 2-14   "控制面板"窗口

2．鼠标设置

（1）单击图 2-14 中的"硬件和声音"，打开图 2-15 所示的"硬件和声音"窗口。

（2）单击"设备和打印机"下的"鼠标"项，打开图 2-16 所示的"鼠标 属性"对话框。

图 2-15　"硬件和声音"窗口

图 2-16　"鼠标 属性"对话框

（3）选中"切换主要和次要的按钮"复选框，互换鼠标左右键，即将鼠标设置为左手鼠标。

（4）移动滑标设置双击鼠标速度，并进行测试。

（5）在图 2-16 所示的"鼠标 属性"对话框中单击"指针""指针选项""滑轮""硬件"选项卡，可对鼠标进行更多的设置。

3. 日期和时间设置

（1）单击图 2-14 中的"时钟、语言和区域"，打开图 2-17 所示的"时钟、语言和区域"窗口。

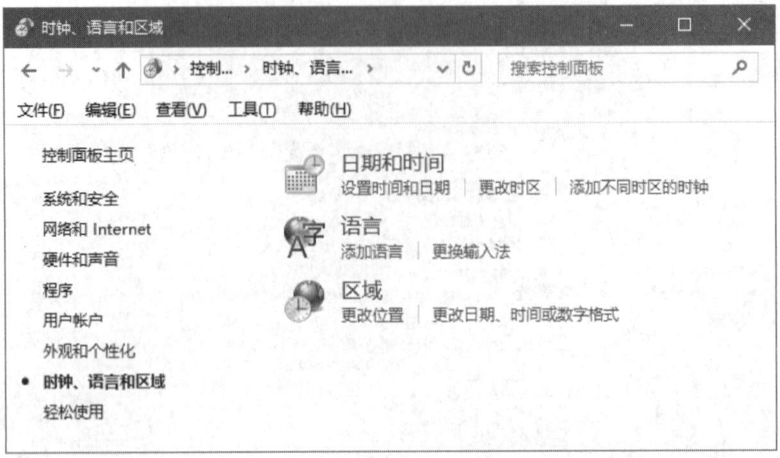

图 2-17 "时钟、语言和区域"窗口

（2）单击"日期和时间"，打开"日期和时间"对话框，如图 2-18 所示。

（3）单击"更改日期和时间"按钮，打开图 2-19 所示的"日期和时间设置"对话框。

图 2-18 "日期和时间"对话框

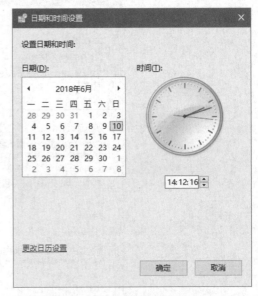

图 2-19 "日期和时间设置"对话框

（4）单击时、分、秒区域修改时钟；单击选中日期设置日期；单击"确定"按钮完成日期和时间的更改。

（5）更改日期时，单击 2018年6月 ，日期区域显示 12 个月；单击 2018 ，日期区域显示 2010-2020 年；单击 2010-2019 ，日期区域显示 2000-2099 年区间，这样方便更改跨度较大的年份。

右击任务栏通知区的日期时间图标，在弹出的快捷菜单中选择"调整时间/日期"命令也可以打开图 2-18 所示的对话框，然后在此进行日期和时间的设置。

4. 个性化设置

右击桌面空白处，在弹出的快捷菜单中选择"个性化"命令，打开"个性化"窗口，如

图 2-20 所示。"个性化"窗口左侧窗格中有进行个性化设置的主要功能标签，可以分别对"背景""颜色""锁屏界面""主题""开始""任务栏"进行设置。

图 2-20　"个性化"窗口

（1）设置桌面背景。

1）如图 2-20 所示，在左侧导航窗格中选择"背景"标签。

2）在右侧窗格中单击"背景"下拉按钮，展开下拉列表，在这里选择桌面背景的样式，可以是"图片""纯色"或"幻灯片放映"，此处选择"图片"。

3）单击"选择图片"中列出的某张图片，就可以将该图片设置为桌面背景；或者单击"浏览"按钮，在"打开"的对话框中选择某张图片，将其设置为桌面背景。

4）单击"选择契合度"下拉按钮，确定图片在桌面上的显示方式。

（2）设置颜色。

1）如图 2-20 所示，在左侧导航窗格中选择"颜色"标签，打开"颜色"窗格，如图 2-21 所示。

2）在右侧窗格中选择一种颜色，立即可以看到 Windows 中的主色调改变为该颜色。

3）将"使'开始'菜单、任务栏和操作中心透明"与"显示标题栏的颜色"设置为"开"，可以看到"开始"菜单、任务栏、操作中心和标题栏颜色同时改变，如图 2-21 所示。

（3）设置主题。主题是指搭配完整的系统外观和系统声音的一套方案，包括桌面背景、屏幕保护程序、声音方案、窗口颜色等，如图 2-20 所示，在左侧导航窗格中选择"主题"标签，在右侧窗格中单击"主题设置"，打开图 2-22 所示的窗口。在"Windows 默认主题"选项区中单击"鲜花"，主题设置完毕。

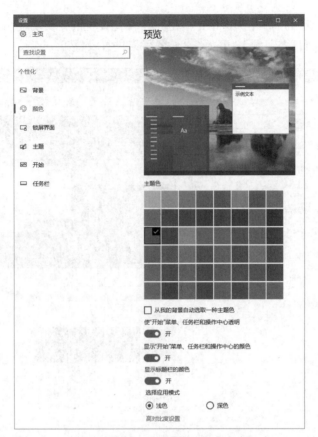

图 2-21 "颜色"窗格

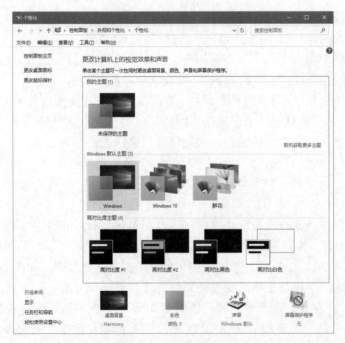

图 2-22 "主题"窗口

（4）设置屏幕保护程序。屏幕保护程序是用于保护计算机屏幕的程序，当用户暂停使用计算机时，能使显示器处于节能状态，并保障系统安全。

1）单击图 2-22 中右下方的"屏幕保护程序"按钮，弹出"屏幕保护程序设置"对话框，如图 2-23 所示。

图 2-23　"屏幕保护程序设置"对话框

2）在"屏幕保护程序"下拉列表框中，选择一种喜欢的屏幕保护程序，如"气泡"，在"等待"微调框内设置等待时间，如"3 分钟"，单击"确定"按钮，完成设置。

3）在用户未操作计算机的 3 分钟之后，屏幕保护程序自动启动。若要重新操作计算机，则只需移动一下鼠标或者按键盘上任意键即可退出屏幕保护程序。

（5）"开始"菜单设置。可以按照个人的使用习惯，对"开始"菜单进行个性化设置，如是否在"开始"菜单中显示应用列表、是否显示常用的应用等。

1）如图 2-20 所示，在左侧导航窗格中选择"开始"标签，打开图 2-24 所示的"开始"菜单设置窗口。

2）将"显示最常用的应用"设置为"开"，则在"开始"菜单中显示常用的应用图标。

3）将"显示最近添加的应用"设置为"开"，则新安装程序会在"开始"菜单中建立图标。

（6）任务栏设置。在系统默认状态下，任务栏位于桌面的底部，并处于锁定状态。如图 2-20 所示，在左侧导航窗格中选择"任务栏"标签，打开图 2-25 所示的任务栏设置窗口。

图 2-24　"开始"菜单设置窗口

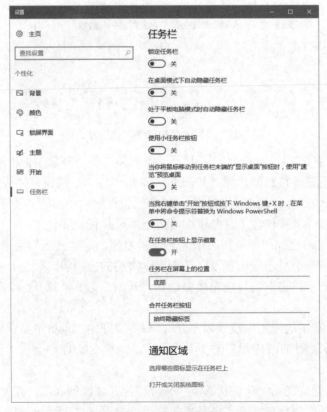

图 2-25　任务栏设置窗口

1）解除锁定。任务栏解除锁定之后方可调整任务栏的位置和尺寸。

2）调整任务栏尺寸。任务栏解除锁定后，将鼠标指向任务栏空白区的上边缘，此时鼠标指针变为双向箭头状，然后拖动至合适位置后释放，即可调整任务栏尺寸。

3）移动任务栏位置。任务栏解除锁定后，将鼠标指向任务栏的空白区，然后拖动至桌面周边的合适位置后释放，即可将任务栏移动至桌面的顶部、左侧、右侧或底部。

4）隐藏任务栏。将"在桌面模式下自动隐藏任务栏"设置为"开"，任务栏随即隐藏起来。当光标移到任务栏区域时，任务栏显示。

5）通知区域显示图标设置。单击图 2-25 下方的"选择哪些图标显示在任务栏上"，打开图 2-26 所示的任务栏通知区域设置窗口。首先将"通知区域始终显示所有图标"设置为"关"，然后将需要显示图标设置为"开"，其余设置为"关"。

图 2-26　任务栏通知区域显示设置窗口

三、实训练习

（1）启动控制面板。

（2）更改桌面背景，设置屏幕保护程序。

（3）设置系统日期为 2018 年 10 月 1 日，时间为 8 点 9 分 10 秒。

（4）设置鼠标为左手鼠标。

（5）设置任务栏自动隐藏。

实训项目 3　Windows 10 的文件及文件夹管理

一、实训目的

（1）掌握 Windows 10 的"此电脑"及资源管理器的使用方法。

（2）掌握 Windows 10 中文件和文件夹的基本操作。

二、实训内容及步骤

Windows 10 中文件及文件夹操作是本章的重点内容，其中包括文件与文件夹的选定、创建、重命名、复制、移动、删除、属性设置及搜索等。

常用的文件与文件夹操作方法有如下几类：

● 右击选中对象，在弹出的快捷菜单中选择相应命令进行操作。

● 使用 Ctrl 键、Shift 键配合鼠标进行操作。

● 使用"此电脑"及资源管理器窗口中的选项卡中的相应命令进行操作。

1. 文件与文件夹的选定

（1）单个文件或文件夹的选定：单击文件或文件夹即可选中该对象。

（2）多个相邻文件或文件夹的选定：

● 按下 Shift 键并保持，再单击首尾两个文件或文件夹。

● 单击要选定的第一个对象旁边的空白处，按住鼠标左键不放，拖动至最后一个对象。

（3）多个不相邻文件或文件夹的选定：

● 按下 Ctrl 键并保持，再逐个单击各文件或文件夹。

● 首先选择"查看"选项卡，选中"项目复选框"复选框，如图 2-27 所示，将光标移动到需要选择的文件上方，单击文件左上角的复选框即可选中。

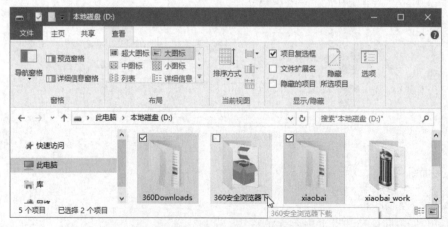

图 2-27　选中"项目复选框"复选项

（4）反向选定：若只有少数文件或文件夹不想选择，则可以先选中这几个文件或文件夹，然后选择"主页"选项卡中的"反向选择"命令，如图 2-28 所示，这样可以反转当前的选择。

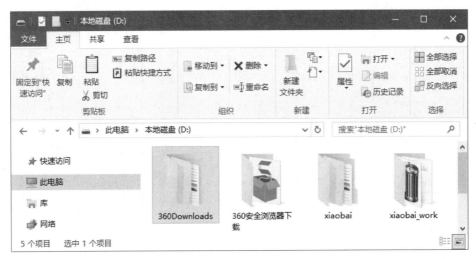

图 2-28　"主页"选项卡

（5）全部选定：选择"主页"选项卡中的"全部选择"命令或按 Ctrl+A 组合键。

2. 创建新的文件及文件夹

（1）创建文件夹。

【案例 2-5】在 D:盘下新建文件夹，其结构如图 2-29 所示。

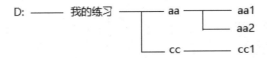

图 2-29　新建文件夹的结构

操作方法如下：

1）在"此电脑"中选择 D:盘，开始创建图 2-29 所示的文件夹。

2）选择"主页"选项卡，选择"新建文件夹"命令，在列表窗格中将出现新建的文件夹图标，如图 2-30 所示。若将文件夹命名为"我的练习"，则在 D:盘上创建了"我的练习"文件夹。

3）双击"我的练习"文件夹图标，打开"我的练习"文件夹。右击文件列表栏的空白处，在弹出的快捷菜单中选择"新建"→"文件夹"命令，如图 2-31 所示。将文件夹命名为 aa，便在"我的练习"文件夹中创建了 aa 文件夹。同理创建文件夹 cc（不再重复叙述）。

4）双击 aa 文件夹图标，打开 aa 文件夹，单击"新建项目"右侧下拉箭头打开下拉菜单，选择"文件夹"命令，创建 aa1、aa2 文件夹，如图 2-32 所示。

5）单击返回箭头 ←，返回"我的练习"文件夹。双击 cc 文件夹图标，打开 cc 文件夹，单击"新建项目"右侧下拉箭头打开下拉菜单，选择"文件夹"命令，创建 cc1 文件夹。至此，完成图 2-29 所示的文件夹结构的文件夹的创建。

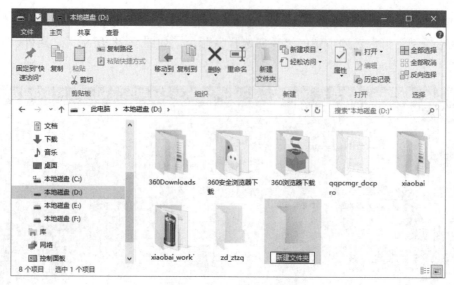

图 2-30 新建文件夹的图标

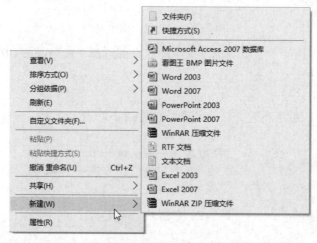

图 2-31 使用快捷菜单命令

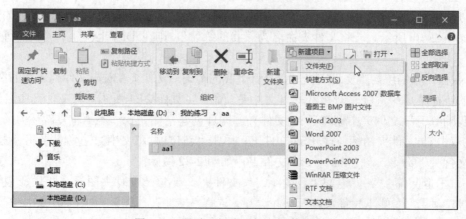

图 2-32 通过"新建项目"创建文件夹

（2）创建文件。

【**案例 2-6**】在图 2-32 所示文件夹 aa 中新建一个文本文件 abc.txt；在 cc 文件夹中新建一个 Word 文档 def.docx。

操作方法如下：

1）双击 aa 文件夹图标，打开 aa 文件夹，右击文件列表栏的空白处，在弹出的快捷菜单中选择"新建"→"文本文档"命令，如图 2-31 所示。将文件命名为 abc，便在 aa 文件夹中创建了文本文件 abc.txt。

2）双击 cc 文件夹图标，打开 cc 文件夹，单击"新建项目"右侧下拉箭头打开下拉菜单，选择 Word 2007 命令（参考图 2-32），将文件命名为 def，便在 cc 文件夹中创建了 Word 文档 def.docx。

3．文件与文件夹的重命名

【**案例 2-7**】将图 2-29 所示的文件夹 aa 改名为"练习 1"，将 cc 文件夹中的 Word 文档 def.docx 改名为"Word 练习"。

操作方法如下：

（1）右击重命名文件夹 aa，在弹出的快捷菜单中选择"重命名"命令，如图 2-33 所示。输入新的文件夹名"练习 1"，完成对文件夹 aa 的重命名。

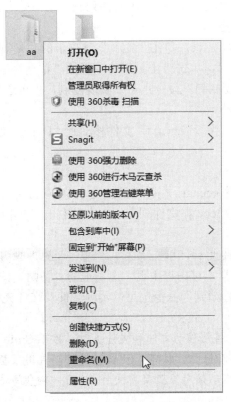

图 2-33　使用快捷菜单重命名

（2）选中文件 def.docx，在图 2-34 所示的"主页"选项卡中单击"重命名"按钮，输入新的文件名"Word 练习"，完成对文件 def.docx 的重命名。

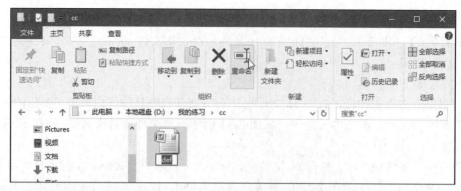

图 2-34　使用"主页"选项卡重命名

文件与文件夹重命名方法完全相同，读者可根据实际需要自行选择。

注意：因为文件的扩展名代表文件类型，所以重命名文件时一定要谨慎！

4．文件与文件夹的复制

【**案例 2-8**】将文件 abc.txt 复制到"我的练习"文件夹中，将 cc 文件夹复制到 D:盘。

操作方法如下：

（1）右击要复制的文件 abc.txt，在弹出的快捷菜单中选择"复制"命令，如图 2-33 所示。

（2）选择目标文件夹"我的练习"，在文件列表区空白处右击，在弹出的快捷菜单中选择"粘贴"命令，完成复制操作。

（3）选定要复制的文件夹 cc，单击"主页"选项卡的"复制"按钮，如图 2-34 所示。

（4）选择目标位置 D:盘，单击"主页"选项卡的"粘贴"按钮，完成复制操作。

使用图 2-34 所示的"复制到"命令也可以实现复制，也可通过鼠标实现文件复制。

5．文件和文件夹的移动

【**案例 2-9**】将"D:\我的练习\abc.txt"文件移动到"D:\cc"文件夹中，将"D:\我的练习"下的 aa 文件夹移动到 D:盘。

操作方法如下：

（1）右击要移动的文件 abc.txt，在弹出的快捷菜单中选择"剪切"按钮，如图 2-33 所示。

（2）选择目标文件夹 D:\cc，在文件列表区空白处右击，在弹出的快捷菜单中选择"粘贴"命令，完成移动操作。

（3）选定要移动的文件夹 aa，单击"主页"选项卡的"剪切"按钮，如图 2-32 所示。

（4）选择目标位置 D:盘，单击"主页"选项卡的"粘贴"按钮，完成移动操作。

使用图 2-34 所示的"移动到"命令也可以实现文件及文件夹移动，也可通过鼠标实现文件及文件夹的移动。

注意：使用鼠标拖动复制或移动文件和文件夹时，按下 Shift 键并保持，再用鼠标拖动该对象到目标文件夹，实现移动操作；按下 Ctrl 键并保持，再用鼠标拖动该对象到目标文件夹，实现复制操作；直接用鼠标拖动该对象到目标文件夹，同一磁盘间拖动实现文件和文件夹移动，不同磁盘间实现文件和文件夹复制。

6．文件和文件夹的删除

【**案例 2-10**】将"D:\我的练习\cc"文件夹中的"Word 练习"文件删除，将"D:\aa"文件夹删除。

操作方法如下：

（1）右击"Word 练习"文件，在弹出的快捷菜单中选择"删除"命令，如图 2-33 所示。

（2）在弹出的如图 2-35 所示的"删除文件"对话框中单击"是"按钮，将要删除的文件放入"回收站"。

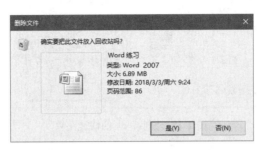

图 2-35　"删除文件"对话框

（3）选中"D:\aa"文件夹，单击图 2-34 所示的"主页"选项卡中的"删除"按钮，将要删除的文件夹放入"回收站"。

注意：当从网络位置、可移动媒体（U 盘、可移动硬盘等）删除文件和文件夹或者被删除文件和文件夹的大小超过"回收站"空间的大小时，被删除对象将不被放入"回收站"，而是直接被永久删除，不能还原。

7．文件和文件夹的还原以及回收站的操作

（1）还原被删除的文件和文件夹。

【案例 2-11】将回收站中的"Word 练习"文件还原，将 aa 文件夹还原。

操作方法如下：

1）双击桌面"回收站"图标，打开"回收站"窗口，如图 2-36 所示。

图 2-36　"回收站"窗口

2）选中文件"Word 练习"，选择"还原选定的项目"命令，则"Word 练习"文件将被还原到被删除前的位置。

3）右击 aa 文件夹图标，在弹出的快捷菜单中选择"还原"命令，则 aa 文件夹将被还原到被删除前的位置，如图 2-37 所示。

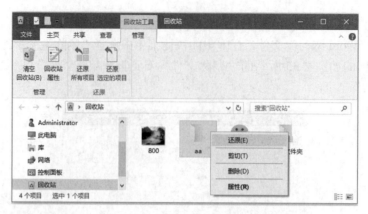

图 2-37   回收站中的快捷菜单

（2）文件和文件夹的彻底删除。

【案例 2-12】将"回收站"中的文件夹 aa 彻底删除，将文件"Word 练习"彻底删除。

操作方法如下：

1）双击桌面"回收站"图标，打开"回收站"窗口，如图 2-36 所示。

2）右击 aa 文件夹图标，在弹出的快捷菜单中选择"删除"命令，则 aa 文件夹将被彻底删除。

3）选择"清空回收站"命令，则"回收站"中的所有文件和文件夹将被彻底删除。

注意："回收站"中的内容一旦被删除，被删除的对象就不能再恢复。

8.　文件和文件夹的属性设置

【案例 2-13】为文件 abc.txt 设置隐藏属性。

操作方法如下：

（1）右击文件 abc.txt，在弹出的快捷菜单中选择"属性"命令，打开图 2-38 所示的"abc.txt 属性"对话框。

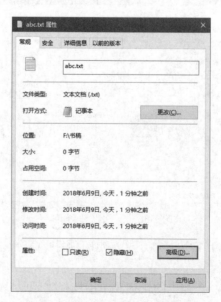

图 2-38　"abc.txt 属性"对话框

（2）勾选图 2-36 中的"隐藏"复选框，单击"确定"按钮，文件被设置为隐藏，如图
2-39 所示，此时文件依然显示。

图 2-39　文件夹"查看"选项卡

（3）在图 2-39 中取消勾生"隐藏的项目"复选框，文件将处于隐藏状态，不再显示。

9. 文件及文件夹的搜索

【案例 2-14】在 F:盘中搜索名称中含"教学"的文件或文件夹。

操作方法如下：

（1）即时搜索。在导航窗格选择 F:盘，在搜索框中输入"教学"，则立即在 F:盘开始搜
索名称含有"教学"的文件及文件夹，如图 2-40 所示。

图 2-40　文件及文件夹的搜索

搜索时如果不知道准确文件名，可以使用通配符。通配符包括星号"*"和问号"？"两
种：问号"？"代替一个字符；星号"*"代替任意个字符。

（2）更改搜索位置。在默认情况下，搜索位置是当前文件夹及子文件夹。如果需要修改，
则可以在图 2-40 所示的"搜索"选项卡的"位置"区域中进行更改。

（3）设置搜索类型。如果要加快搜索速度，则可以在图 2-40 所示的"搜索"选项卡的"优
化"区域中设置更具体的搜索信息，如修改时间、类型、大小、其他属性等。

（4）设置索引选项。在 Windows 10 中使用"索引"功能可以快速找到特定的文件及文件夹。默认情况下，大多数常见类型都会被索引，索引位置包括库中的所有文件夹、电子邮件、脱机文件。

单击图 2-41 中的"高级选项"的下拉按钮，在下拉菜单中选择"更改索引位置"命令，对索引位置进行添加修改。添加索引位置完成后，计算机会自动为新添加的索引位置编制索引。

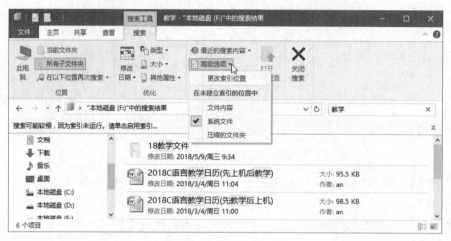

图 2-41　索引位置设置

（5）保存搜索结果。可以将搜索结果保存，方便日后快速查找。选择图 2-40 中的"保存搜索"命令，选择保存位置，输入保存的文件名，即可保存搜索结果。日后使用时不需要重新进行搜索，只需打开保存的搜索文件即可。

10. 文件与文件夹的显示方式

Windows 10 资源管理器窗口中的文件列表有"超大图标""大图标""中等图标""小图标""列表""详细信息""平铺"和"内容"8 种显示方式。选择的方法有以下两种：

（1）使用"查看"选项卡，如图 2-42 所示，选择"中图标"，则文件和文件夹以中图标方式显示。

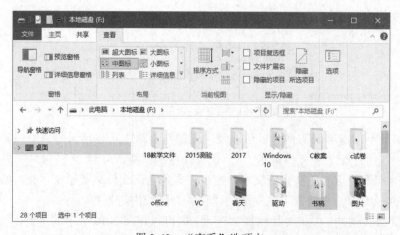

图 2-42　"查看"选项卡

（2）右击窗口空白处，在弹出的快捷菜单中选择"查看"→"中等图标"命令，如图 2-41 所示。

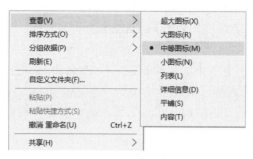

图 2-43　"查看"命令

11．文件与文件夹的排序方式

浏览文件和文件夹时，文件和文件夹可以按名称、修改日期、类型或大小等方式来调整文件列表的排列顺序，还可以选择递增、递减或更多方式进行排序。排序方法如下：

（1）可以通过选项卡设置文件列表的排序方式，在图 2-44 中单击"排序方式"下拉按钮，展开下拉菜单，分别选择"名称"和"递增"，则文件和文件夹按照名称升序排列。

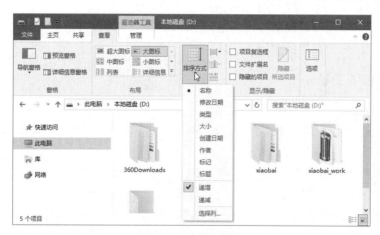

图 2-44　文件夹排序

（2）右击"此电脑"窗口空白处，在弹出的快捷菜单中选择"排序方式"→"类型"命令，如图 2-45 所示，此时文件和文件夹按照类型排序。

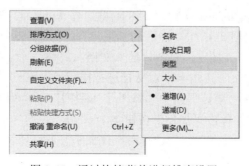

图 2-45　通过快捷菜单进行排序设置

三、实训练习

（1）在 D:盘根目录下建立文件夹 AA，在 AA 文件夹下建立子文件夹 BB 和子文件夹 CC。

（2）在 BB 文件夹下建立一个名为 kaoshi.txt 的文本文件，并将该文件复制到 CC 文件夹中。

（3）将从 BB 文件夹中复制来的文件 kaoshi.txt 改名为 exam.txt，并在桌面上为其创建快捷方式，再将文件的属性设置为"只读"。

（4）将 BB 文件夹中的文件"kaoshi.txt"移动到 AA 文件夹中。

（5）将 BB 文件夹删除。

（6）在"此电脑"中搜索所有 Word 文档。

实训项目 4　附件

一、实训目的

（1）熟悉 Windows 10 常用附件的功能。

（2）掌握"写字板"程序的使用方法。

（3）掌握"画图"程序的使用方法。

二、实训内容及步骤

1. 写字板的应用

【案例 2-15】利用"写字板"程序，按下列要求建立一个文档，样文如图 2-46 所示。其他要求如下：

- 标题为"庐山瀑布"，并设为宋体、20 号、加粗、居中对齐。
- 正文如图并设为 14 号、宋体、向左对齐文本、首行缩进 1 厘米。
- 插入图片，图片在桌面上，文件名为"瀑布"，设置图片居中对齐。
- 保存文档到 D:盘根目录下，文件名为"庐山瀑布.rtf"。

操作方法如下：

（1）使用"开始"菜单启动"写字板"应用程序。选择"开始"→"Windows 附件"→"写字板"命令，即可打开"写字板"程序。

（2）输入文本。在文档编辑区输入文档的标题，按 Enter 键，在下一行输入文档的正文。

（3）插入图片。单击图 2-46 中功能区的"图片"，打开图 2-47 所示的"选择图片"对话框，选中图片，单击"打开"按钮，将图片插入文档。

（4）在功能区的"主页"选项卡下对文档进行排版。

1）选定标题文字，在"字体"组中选择"字体系列"下拉列表中的"宋体"，选择"字体大小"下拉列表中的 20，单击"加粗"按钮 **B**，单击"段落"组中的"居中"按钮≡。

2）选定正文文字，在"字体"组中选择"字体大小"下拉列表中的 14，选择"字体系列"下拉列表中的"宋体"。

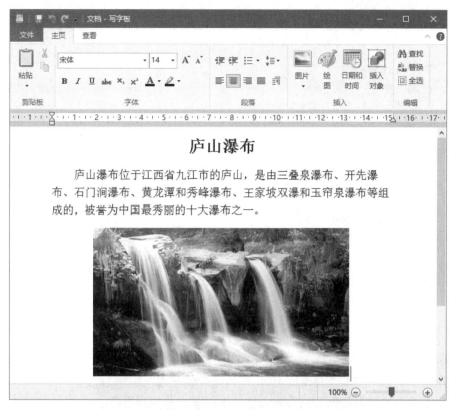

图 2-46　样文

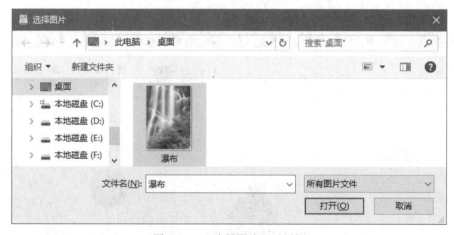

图 2-47　"选择图片"对话框

3）单击"段落"组中的"左对齐"按钮，单击"段落"按钮，打开"段落"对话框，在"首行"文本框中输入"1 厘米"，然后单击"确定"按钮，关闭"段落"对话框。

4）单击选中图片，单击"段落"组中的"居中"按钮。

（5）单击快速访问工具栏中的"保存"按钮，弹出图 2-48 所示的"保存为"对话框，输入文件名"庐山瀑布"，选择保存位置"D:"，单击"保存"按钮，关闭对话框。

（6）单击"写字板"窗口的"关闭"按钮，关闭"写字板"程序。

图 2-48 "保存为"对话框

2. 画图的应用

【案例 2-16】利用"画图"程序绘制一幅几何图画，如图 2-49 所示。具体要求如下：

- 在画图中输入文本"画图练习"，字体为微软雅黑，字号为 20。
- 画中的小鸭身为黄色，鸭头为灰色，小鸭眼睛和腿为黑色。
- 画中的树身为绿色，太阳为红色，太阳光辉为黄色。
- 保存文档到 D:盘根目录下，文件名为 picture.png。

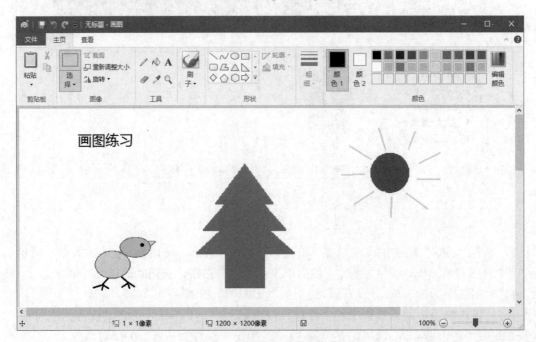

图 2-49 "画图"程序应用示例

操作方法如下：

（1）使用"开始"菜单启动"画图"应用程序。选择"开始"→"Windows 附件"→"画图"命令，即可打开"画图"程序。

（2）在绘图区，利用功能区"主页"选项卡下的绘图工具绘制几何图形。

1）绘制小鸭：选中"颜色"组中的"颜色 1"，单击颜料盒中的黑色，从而将"颜色 1"设为黑色；选择"形状"组中的"椭圆形" ⬭，在绘图区按住鼠标左键并拖动，绘制出一个黑色的椭圆，成为鸭身；类似方法绘制出鸭头、鸭眼；选择"形状"组中的"直线" ⬊，在绘图区按住鼠标左键并拖动，分别绘制出黑色的鸭腿、鸭嘴。

2）为小鸭涂色：将"颜色 2"设为黄色，选择"工具"组中的"填充" ◔，右击鸭身，将鸭身涂为黄色；类似方法将鸭嘴涂为黄色，鸭头涂为灰色，鸭眼涂为黑色。

3）绘制小树：设置"颜色 1"为绿色，选择"形状"组中的"三角形" △，在绘图区拖动鼠标左键，绘制出 3 个绿色三角形成为树冠；选择"矩形" ▢，拖动鼠标左键，在树冠下方绘制出树干。

4）为小树涂色：选择"工具"组中的"填充" ◔，单击树冠和树干，将小树涂为绿色。

5）绘制太阳：设置"颜色 1"为黄色，设置"颜色 2"为红色，选择"形状"组中的"椭圆形" ⬭，按住 Shift 键，按住鼠标右键并拖动，绘出一个圆圆的太阳；选择"形状"组中的"直线" ⬊，按住鼠标左键并拖动，在太阳周边画出几条放射状的黄线，成为太阳光辉。

6）为太阳涂色：选择"工具"组中的"填充" ◔，右击太阳，将太阳涂为红色。

7）单击"工具"组中的"文本"工具 **A**，然后单击绘图区域中想要输入文字的位置，将出现文本编辑框和文本工具栏。在文本编辑框中输入文字"画图练习"，在文本工具栏的"字体"组中选择"字体系列"下拉列表中的"微软雅黑"，选择"字体大小"下拉列表中的 20。

（3）单击快速访问工具栏中的"保存"按钮 ▦，弹出"保存为"对话框，输入文件名 picture.png，选择保存位置"D:"，单击"保存"按钮，关闭对话框。

（4）单击"画图"窗口的"关闭"按钮，关闭"画图"程序。

三、实训练习

（1）利用"写字板"程序，按照如下要求新建一个文档，并将文档保存在 D:盘下，文件名为 tz.rtf。

1）文档内容：通知今天下午四点，在综合楼报告厅召开新生开学典礼，请按时参加。

2）使"通知"成为文章的标题，其余文字为文章正文。

3）将标题"通知"设置为加粗、黑体、24 号、居中。

4）将正文（"今天"至"参加"）设置为宋体、20 号、向左对齐文本、首行缩进 1.5 厘米。

5）使用插入区域的"日期和时间"输入日期。

（2）利用"画图"软件完成如图 2-50 所示的图形，并将图片保存在 D:盘下，文件名为 lx.png。要求如下：

1）输入文字"画图练习"，字体设为宋体，字号设为 28，字形设为加粗。

2）分别画出圆、正方形、等边三角形、箭头。

3）分别用红、黄、绿、蓝填充上述图形。

（3）利用"画图"程序创建一幅图画，并将文件保存在 D:盘下，文件名为 ht.png。

1）图片内容任选，要求构图美观大方，文字高雅。

2）将其设置为墙纸，然后恢复原来的墙纸。

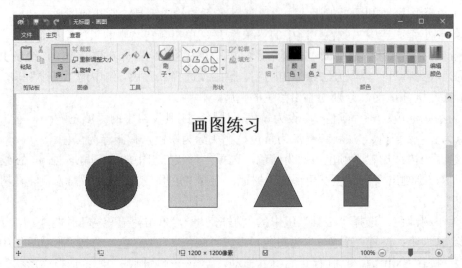

图 2-50　画图练习

第 3 章　文字处理软件 Word

本章实训的基本要求：
- 熟练掌握文档的操作。
- 熟练掌握文档的排版。
- 熟练掌握表格的操作。
- 熟练掌握图片的插入及排版。
- 掌握艺术字、SmartArt 图形、文本框等的操作。
- 掌握邮件合并功能的使用方法。

实训项目 1　文档的操作

一、实训目的

（1）掌握"文件"菜单的使用方法。
（2）掌握文档的输入、"插入"选项的使用方法。
（3）掌握文档的编辑方法。
（4）掌握页面外观的统一方法。

二、实训准备

（1）掌握 Word 窗口的组成，以及窗口元素"快速访问工具栏""标题栏""功能区""状态栏"等的使用方法。

（2）在磁盘上创建 Word 实训练习文件夹（D:\Word 实训），并将上机素材复制到此文件夹中。

三、实训内容及步骤

【案例 3-1】"文件"菜单的使用。

要求如下：

（1）掌握"文件"菜单（图 3-1）中"新建""保存""打开""关闭""打印"等命令的使用。

（2）在新建 Word 文档中输入图 3-2 所示的内容（不包括外边框），将文件保存为"案例 1.docx"，保存位置为自己的文件夹（D:\Word 实训）。

操作步骤如下：

（1）新建文档。启动 Word 2016 后，在开始界面单击"空白文档"，或者选择"文件"菜单中的"新建"命令，即可新建 Word 文档。

图 3-1   "文件"菜单

全国首届计算机操作、编程、应用、维修有奖征文活动

宣传部

为了普及计算机技术，推广计算机应用，纪念我国计算机产业发展 40 周年，迎接全社会各行业学习计算机的热潮，我们决定组织计算机操作、编程、应用、维修有奖征文活动。

图 3-2   "案例 1.docx"的内容

（2）保存文档。在文档中输入图 3-2 所示的内容。输入结束后，单击窗口左上角快速启动工具栏中的"保存"按钮，或切换到"文件"菜单，选择"保存"或"另存为"命令，将出现图 3-3 所示的"另存为"对话框。

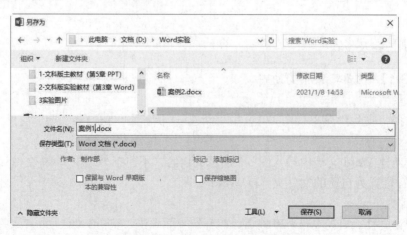

图 3-3   "另存为"对话框

在"另存为"对话框中，找到自己的文件夹，在"文件名"文本框输入文档名，单击"保存"按钮。

（3）打开文档。打开"文件"菜单，选择"打开"命令，从"打开"对话框中选择"D:\Word 实训\案例 1.docx"，打开文件。

（4）关闭文档。打开"文件"菜单，选择"关闭"命令，将"案例 1.docx"关闭。

（5）打印文档。打开"文件"菜单，选择"打印"命令，出现图 3-4 所示的"打印"界面，完成相应设置后，单击"打印"按钮进行打印。

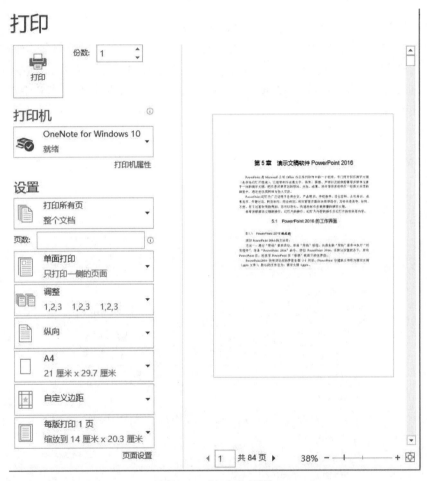

图 3-4 "打印"界面

【案例 3-2】文档内容的输入及"插入"选项的使用。

要求如下：

（1）创建"案例 2.docx 文档"，在文档中输入图 3-5 所示的内容。

（2）在文档中插入如下符号。

✂ ☺ 📖 ☎ ☒ ☑ → ① ❿

（3）在文档中插入一个表格。

（4）在文档中插入一幅图片。

《安吉拉的灰烬》
畅销书榜上的奇迹
《安吉拉的灰烬》自去年 9 月出版以来大获成功。它不但夺得了 1997 年普利策奖最佳纪实文学奖，而且在美、英两国各种书籍排行榜中均创佳绩。以美国《出版家周刊》畅销书榜为例，该书自去年 9 月上榜以来，曾高居榜首达 25 周，只在最近才让位于《戴安娜的传记》。

图 3-5　"案例 2.docx"的内容

操作步骤如下：

（1）打开 Word 软件，输入如图 3-5 所示的内容。

（2）将光标放在欲插入符号之处，选择"插入"选项卡（图 3-6）"符号"组中的"符号"命令，出现图 3-7 所示的"符号"对话框，在对话框中选择"符号"选项卡，在"字体"下拉列表框中分别选择最下面的"Wingdings""Wingdings2""Wingdings3"，在其中选择需要的特殊符号即可实现插入。

图 3-6　"插入"选项卡

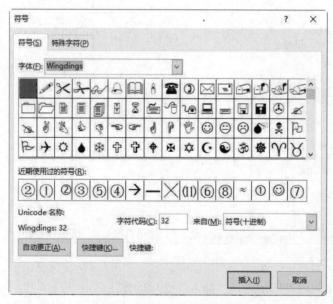

图 3-7　"符号"对话框

（3）将光标放在欲插入表格之处，选择"插入"→"表格"→"表格"命令，将出现"插入表格"界面（图 3-8），选择其中的任一种方法插入一个表格。

（4）将光标放在欲插入图片之处，选择"插入"→"插图"→"图片"命令，将出现"插入图片"对话框，在对话框中选择要插入的图片即可实现图片的插入。

（5）执行"文件"菜单中的"保存"命令，将文件存为"案例 2.docx"。

图 3-8　"插入表格"界面

【案例 3-3】文档的编辑。

使用案例 3-1（图 3-2）的素材，要求如下：

（1）将文档中所有的"计算机"三个字突出显示。

（2）将文档中所有的"计算机"三个字替换为"电脑"。

（3）将第一段与第二段文字互换。

（4）将第一段文字删除。

操作步骤如下：

（1）打开文件后，选择"开始"→"编辑"→"替换"命令，出现"查找和替换"对话框，如图 3-9 所示。在"查找"选项卡的"查找内容"文本框中输入"计算机"，选择"阅读突出显示"→"全部突出显示"命令。

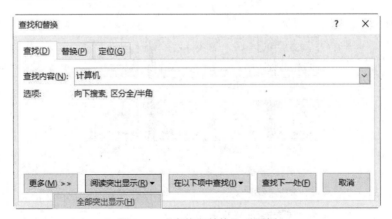

图 3-9　"查找和替换"对话框

（2）选择"开始"→"编辑"→"替换"命令，出现"查找和替换"对话框，在对话框中的相应位置输入查找和替换的内容，单击"全部替换"按钮即可。

（3）选定第二段（包括段落标记），用鼠标指向选定内容，拖动鼠标到第一段开头。

（4）选定第一段文字，按 Delete 键。

【案例 3-4】统一页面外观。

使用案例 3-1（图 3-2）的素材，要求如下：

（1）将文档的主题设置为"环保"。

（2）将页面颜色设置为"绿色"。

操作步骤如下：

（1）使用"设计"选项（图 3-10）对页面的外观进行统一设置。选择"设计"→"文档格式"→的"主题"→"环保"命令，如图 3-11 所示。

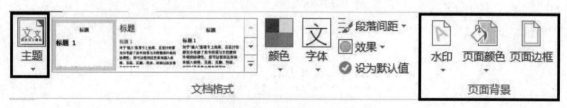

图 3-10　"设计"选项

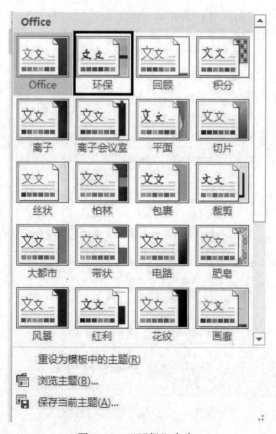

图 3-11　"环保"命令

（2）选择"设计"→"页面背景"→"页面颜色"→"绿色"命令，如图 3-12 所示。

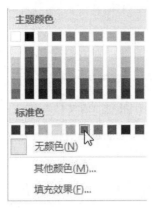

图 3-12 "绿色"命令

四、实训练习

（1）在 Word 中输入图 3-13 所示的内容（不包括外边框），并将文件保存为"文档 2.docx"，保存位置为自己的文件夹。

"文件"菜单→"保存"：用于不改变文件名保存。
"文件"菜单→"另存为"：一般用于改变文件名的保存，包括盘符、目录或文件名的改变。
"文件"菜单→"另存为 Web 页"：存为 HTML 文件，其扩展名为 htm、html、htx。

图 3-13 "文档 2.docx"的内容

要求如下：

1）将文档中所有的"文件"都替换为"FILE"。

2）将文档中所有的双引号（""）删除。

（2）在 Word 中输入图 3-14 所示的内容（不包括外边框），并将文件保存为"文档 3.docx"，保存位置为自己的文件夹。

生活中的理想温度
人类生活在地球上，每时每刻都能感受到温度。一年四季，温度有高有低，经过专家长期的研究和观察对比，认为生活中的理想温度应该是：
居室温度保持在 20℃～25℃；
饭菜的温度为 46℃～58℃；
冷水浴的温度为 19℃～21℃；
阳光浴的温度为 15℃～30℃。

图 3-14 "文档 3.docx"的内容

要求如下：

1）将文档中所有的℃替换为℉。

2）给后 4 段添加项目符号➤。

提示：℃及℉的插入方法是，切换到"插入"选项卡，在"符号"组中单击"符号"按钮，选择"符号"，在"字体"下拉列表框中选择默认的"（普通文本）"选项，在"子集"下拉列表框中选择"类似字母的符号"选项，如图 3-15 所示。

图 3-15　"符号"对话框

实训项目 2　文档的格式设置

一、实训目的

（1）掌握字符格式设置方法。
（2）掌握段落格式设置方法。
（3）掌握页面格式设置方法。
（4）掌握样式的使用方法。
（5）掌握通过创建和应用样式，建立多级标题的方法。
（6）掌握利用样式生成目录的方法。

二、实训准备

（1）在磁盘上创建 Word 实训练习文件夹（D:\Word 实训），并将上机素材复制到此文件夹中。

（2）文档的排版操作主要通过"开始"选项卡（图 3-16）、"布局"选项卡（图 3-17）和"插入"选项卡（图 3-18）完成。先学会这 3 个选项卡中的相关功能。

图 3-16　"开始"选项卡

图 3-17　"布局"选项卡

图 3-18　"插入"选项卡

三、实训内容及步骤

【**案例 3-5**】字符格式的排版。

要求如下：

（1）在 Word 中输入图 3-19 所示内容（不包括外边框），并将文件保存为"文档 4.docx"，保存位置为自己的文件夹。

> 《安吉拉的灰烬》
>
> 畅销书榜上的奇迹
>
> 《安吉拉的灰烬》自去年 9 月出版以来大获成功。它不但夺得了 1997 年普利策奖最佳纪实文学奖，而且在美、英两国各种书籍排行榜中均创佳绩。以美国《出版家周刊》畅销书榜为例，该书自去年 9 月上榜以来，曾高居榜首达 25 周，只在最近才让位于《戴安娜的传记》。

图 3-19　"文档 4.docx"的内容

（2）将标题文字设置为"华文行楷""加粗""三号"。

（3）将其他所有文字设置为"宋体""倾斜""五号""蓝色"。

（4）将文档中的两个标题设置为"加红色的双下划线"，字符间距设置为 10 磅。

（5）将《出版家周刊》设置成"填充-橄榄绿，着色 3，锋利棱台"文字效果。

操作步骤如下：

（1）～（4）设置字符格式。先选中要排版的文字，切换到"开始"选项卡（图 3-16），可以通过"字体"组中的选项按钮来设置，也可以单击字体组右侧的对话框启动器，弹出图 3-20 所示的"字体"对话框，在此进行字符间距、字符缩放等更具体的设置。

（5）设置文字效果。先选择要排版的文字，切换到"开始"选项卡，在"字体"组中单击"文字效果和版式"按钮，在弹出的面板中选择第 2 行第五列"填充-橄榄绿，着色 3，锋利棱台"效果即可。

图 3-20 "字体"对话框

【案例 3-6】段落格式的排版。

要求：对图 3-19 所示的"文档 4.docx"（文中共有 3 个段落）进行如下操作。

（1）段落的设置。

1）缩进的设置。

- 将第 3 段设置为首行缩进 2 个字符；
- 将第 3 段设置为左缩进 2 个字符，右缩进 2 个字符。

2）对齐的设置。

- 将第 1 段设置为"三号、隶书"，居中对齐；
- 将第 2 段设置为右对齐；
- 将第 3 段设置为分散对齐。

3）间距的设置。

- 将正文（除标题）各段行距设为 1.2 倍行距；
- 设置第 3 段段前、段后各 0.5 行。

（2）边框和底纹的设置。

- 将第 2 段加绿色边框及浅绿色底纹，应用于段落。
- 将第 3 段加蓝色底纹，应用于文字。

操作步骤如下：

（1）设置段落格式。先选中要排版的段落，切换到"开始"选项卡，在"段落"组中选择对应按钮进行设置，或单击该组右下角"对话框启动器"按钮，在弹出的图 3-21 所示的"段落"对话框中进行各种设置。

图 3-21　"段落"对话框

提示：具体操作时，可根据需要有效利用"格式刷"工具 提高效率。

（2）设置边框和底纹。选中要排版的段落，切换到"开始"选项卡，在"段落"组中单击"边框"按钮 ，在弹出的面板中选择最下面的"边框和底纹"命令，出现图 3-22 所示的"边框和底纹"对话框，通过该对话框中的"边框"选项卡可以为选定的段落或文字设置边框。

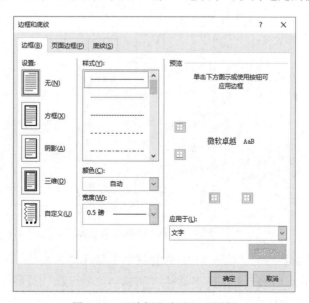

图 3-22　"边框和底纹"对话框

注意：在"边框和底纹"对话框中根据需要选择应用于"段落"或应用于"文字"。

【案例 3-7】设置分栏、首字下沉，添加项目符号和编号。

要求：在 Word 中输入图 3-23 所示的内容（不包括外边框），将第 2 段复制并粘贴在文章的最后，使文章有 7 个段落，并保存为"文档 5.docx"。

关于公开征集景区标志的公告
自公告之日期(2021 年 6 月 1 日)，30 日内提交作品，作品送交黄山旅游产业发展有限公司办公室，欢迎国内外单位和个人踊跃参与。
为了给世界自然遗产，国家重点风景名胜区——黄山确定一个内涵丰富，外观独特的标志，特向社会公开征集标志作品，现将相关事项公告如下：
品牌标志设计规范
名称及标准字体规范计划
标志色彩规范计划

图 3-23　"文档 5.docx"的内容

对此文档进行如下的操作。

（1）对第二个自然段进行首字下沉的设置，首字下沉字体为"隶书"，行数为"3 行"，距正文"28 磅"。

（2）给第 4~6 段添加编号。

（3）将第 7 段分为等宽两栏，栏间加分隔线。

操作步骤如下：

（1）将插入点光标放置到需要设置首字下沉的段落中，在"插入"选项卡的"文本"组中单击"首字下沉"按钮（图 3-18），在弹出的下拉列表中选择"首字下沉选项"选项，通过"首字下沉"对话框（图 3-24）来进行相应设置。选择"下沉"图标，然后分别对"字体""下沉行数""距正文"进行设置。

图 3-24　"首字下沉"对话框

注意：默认的度量单位是"厘米"，如需转换，可切换到"文件"选项卡，选择"选项"命令，在弹出的"Word 选项"对话框中选择"高级"命令，在"显示"栏中将"度量单位"设置为"磅"，如图 3-25 所示。

图 3-25 "Word 选项"对话框

（2）选中需添加项目符号的 3 段，切换至"开始"选项卡，在"段落"组中选择"编号"选项卡 ，在弹出的面板中选择需要的编号即可。

（3）选中第 7 段内容（段落标记除外），将功能区切换至"布局"选项卡，在"页面设置"组中单击"分栏"按钮（图 3-17），打开分栏列表，选择最下面的"更多分栏"命令，在弹出的如图 3-26 所示的"分栏"对话框中选择"两栏"图标，然后选中"分隔线"复选框，单击"确定"按钮即可。

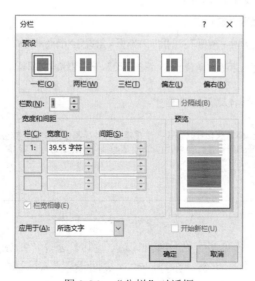

图 3-26 "分栏"对话框

【案例 3-8】页面格式的设置。

要求如下：

（1）在 Word 中输入图 3-27 所示的内容，并将文件保存为“文档 6.docx”，保存位置为自己的文件夹。

（2）纸张大小为“自定义大小”，设置页面宽度为 21 厘米、高度为 27 厘米。

（3）设置上、下、左、右页边距均为 3 厘米，装订线位置为“左”“0.5 厘米”，每行 40 个字符，每页 43 行。

（4）设置奇数页页眉为“第 1 章”，设置偶数页页眉为“习题集”。

（5）添加页面边框为方框，边框颜色为浅蓝色，3 磅。

（6）为第 5 段插入批注，设置批注内容为“主函数的使用”。

（7）设置页面颜色填充效果为“羊皮纸”。

操作步骤如下：

（1）打开 Word 软件，输入图 3-27 所示的内容（不包括外边框），并将文件保存为“文档 6.docx”。

第 1 章 C 语言概述及 C 程序的实现
1.1 基本知识点
一个 C 源程序文件是由一个或若干个函数组成的。在这些函数中有且只有一个是主函数 main( )，主函数由系统提供。各个函数在程序中所处的位置并不是固定的。
一个 C 源程序文件是一个编译单位，即以源文件为单位进行编译，而不是以函数为单位进行编译。
1.1.1 C 程序的组成、main( )函数
1.1.2 标识符的使用
C 语言中所有数据都是以常量、变量、函数和表达式的形式出现在程序中的，在程序中，要用到很多名字。其中，用来标识符号常量名、变量名、函数名、数组名以及类型名等有效字符序列称为标识符。
1.1.3 C 程序的上机过程
1.2 例题分析
例 1.5 以下（ ）不是合法标识符。
A. Float B. unsigned C. intege D. Char
相关知识：C 语言的标识符。
1.3 习题及答案
第 2 章 数据类型、运算符与表达式
2.1 基本知识点
2.1.1 基本数据类型及其定义
2.1.2 常量
常量：在程序运行过程中，其值不变的量叫作常量。常量分为普通常量和符号常量(用#difine 定义)两种。
常量的类型分为整型、实型（单精度型、双精度型）、字符型和字符串常量。
2.1.3 变量
2.2 例题分析
第 3 章 C 语言程序设计及编译预处理
3.1 基本知识点
3.1.1 简单程序设计
简单程序设计又称为顺序结构程序设计，是程序设计的最基本的结构，其设计很简单。在这部分内容中，主要涉及的内容有：① 利用计算机求解实际问题的过程，② 算法及表示方法。
3.1.2 选择结构程序设计
3.1.3 循环结构程序设计
3.1.4 编译预处理
3.2 例题分析

图 3-27 “文档 6.docx”的内容

（2）切换至“布局”选项卡，在“页面设置”组中选择“纸张大小”命令，在弹出的列表框里选择“其他纸张大小”命令，在弹出的“页面设置”对话框（图 3-28）中设置纸张大小为“自定义大小”，在页面宽度和高度栏中分别输入对应的值即可。

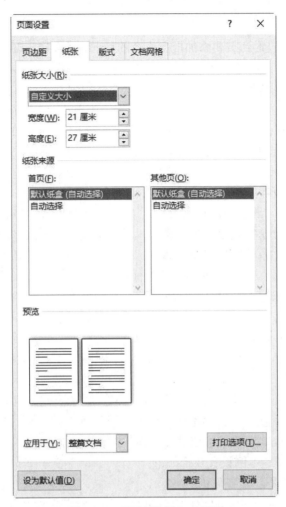

图 3-28　"页面设置"对话框

　　（3）切换至"布局"选项卡，在"页面设置"组中选择"页边距"→"自定义边距"命令，在弹出的"页面设置"对话框中，在"页边距"选项卡下分别按要求设定上、下、左、右页边距和装订线的相关参数；然后切换到"文档网格"选项卡，在"网格"一栏选中"指定行和字符网格"单选按钮；最后在"每行字符数"和"每页行数"处分别输入对应数值即可。

　　（4）设定奇偶页不同的页眉页脚。切换到"布局"选项卡，在"页面设置"组中单击右下角的"对话框启动器"按钮⬛，在弹出的"页面设置"对话框中选择"版式"选项卡，在"页眉和页脚"一栏选中"奇偶页不同"复选框，单击"确定"按钮；然后切换到"插入"选项卡，在"页眉和页脚"组中单击"页眉"按钮，打开"页眉"样式列表，选择一种页眉样式，进入页眉编辑状态，此时可以输入页眉的内容；输入结束，单击"关闭页眉和页脚"按钮即可。

　　提示：设定"奇偶页不同的页眉和页脚"后，需要在奇数页和偶数页分别输入页眉和页脚内容。

　　（5）切换到"开始"选项卡，在"段落"组中单击"边框"按钮⬛ ▾，在弹出的面板中选择最下面的"边框和底纹"命令，在弹出的界面中，选择"页面边框"选项卡，在"设置"一栏选择"方框"，在"颜色"中选择下面标准色中的"浅蓝"，将"宽度"设置为 3 磅，单击

"确定"按钮即可。

（6）将插入点光标放置到需要添加批注内容的后面，或选择需要添加批注的对象。在"审阅"选项卡中的"批注"组中单击"新建批注"按钮，此时在文档中将会出现批注框。在批注框中输入批注内容即可创建批注。

（7）切换到"设计"选项卡，在"页面背景"组中单击"页面颜色"按钮，选择最下面的"填充效果"命令，在弹出的"填充效果"对话框中选择"纹理"选项卡，第4排第3个即"羊皮纸"效果，单击选中后，单击"确定"按钮即可。

【案例3-9】设置多级标题，生成目录及页眉页脚、页码等。

使用案例3-8的文档素材（图3-27），要求如下：

（1）设置多级标题。通过创建和应用样式，建立多级标题。当后期对文档进行修订、更改时，文档就会根据设置的样式自动更新排版，避免从头到尾再次进行重复繁杂的操作。

本例设置三级标题，各标题格式要求如下：

1）一级标题：黑体、二号；段前段后0.5行。

2）二级标题：宋体、三号；单倍行距；段前段后0.5行。

3）三级标题：黑体、小四；1.5倍行距；段前段后0.5行。

（2）插入目录。目录是书籍必须具备的重要组成部分。通过目录，读者不仅可以了解图书内容的基本层次结构，还可以便捷地找到所要查阅内容对应的页码，从而有效地提高阅读效率。

本例操作要求：在文章标题前插入三级文档目录，显示页码，页码右对齐。

（3）分节设置。为了便于对文档不同章节的页眉和页脚进行不同的设置，本例设置要求：将目录和正文单独进行分节设置，单独设置页码。

（4）插入页眉/页脚。本例设置要求如下：

1）正文第1页页眉不显示任何内容。

2）正文第3页及第3页之后的所有奇数页页眉显示章节标题（如"第1章"），显示位置为"居中"。

3）正文第2页及第2页之后所有偶数页页眉显示书籍名称"C语言"，显示位置为"居中"。

（5）插入页码。插入页码是在使用Word时经常用到的功能。

本例设置要求如下：

1）目录页码：页码用I，II…，居中显示。

2）正文页码：页码用1，2…，居中显示。

操作步骤如下：

（1）设置多级标题。

1）切换到"开始"功能区，在"样式"组中单击"其他"按钮 ，在弹出的列表中选择"新建样式"命令将弹出图3-29所示的"根据格式设置创建新样式"对话框，输入样式名称"章节标题"，单击"修改"按钮，将新弹出的对话框［图3-30（a）］中的"样式基准"选择为"标题1"，然后在"格式"一栏设置字体为黑体、二号，单击"格式"按钮，在弹出的列表中选择"段落"命令，在弹出的"段落"对话框［图3-30（b）］中设置段前段后0.5行，单击"确定"按钮，完成"章节标题"样式的创建，同时在"快速样式"面板中将自动出现新创建的样式。

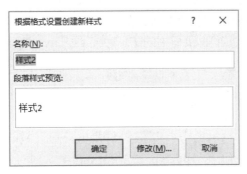

图 3-29 "根据格式设置创建新样式"对话框

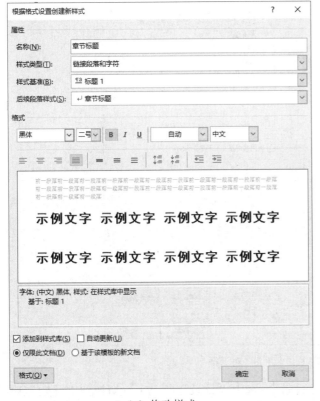

（a）修改样式　　　　　　　　　　　　（b）"段落"对话框

图 3-30 创建样式

2）根据创建"章节标题"样式的方法创建"二级标题"样式和"三级标题"样式。

3）选择要设置标题样式的段落，切换到"开始"功能区，在"样式"组中单击"对话框启动器"按钮，在弹出的"快速样式"面板中单击相应的标题样式（如"二级标题"样式），完成对当前段落的标题样式设置。

4）按照步骤 3）设置所有的标题段落，完成文档多级标题的设置。

（2）插入目录。

1）将插入点置于章节标题开始处，切换到"引用"功能区（图 3-31），在"目录"组中单击"目录"三角按钮，在弹出的列表中选择"自定义目录"命令，弹出"目录"对话框，如

图 3-32 所示，在该对话框中设置相关参数，然后单击"确定"按钮，便在章节标题前面插入了三级文档目录，并且显示页码，页码右对齐。

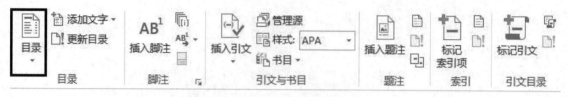

图 3-31 "引用"功能区

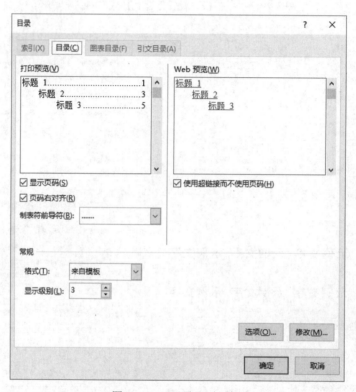

图 3-32 "目录"对话框

2）在插入的目录前一行输入文字"目录"，选中"目录"两个字，切换到"开始"功能区，单击"快速样式"三角按钮，选择"标题"样式，完成标题"目录"格式设置。

（3）分节设置。将插入点置于章节标题的开始位置，切换到"布局"功能区，在"页面设置"组中单击"分隔符"三角按钮，出现"分隔符"面板（图 3-33），选择"下一页"选项，完成分节符的插入，目录部分为第 1 节，正文部分为第 2 节。

（4）插入页眉/页脚。

1）将插入点置于第 1 节（目录）的任意页，双击该页"上边距"区进入页眉编辑区，切换到"页眉和页脚工具/设计"功能区，在"选项"组中选择"奇偶页不同"和"首页不同"两个复选框。

2）在"页眉和页脚工具/设计"功能区的"导航"组中单击"下一节"按钮，进入第 2 节页眉编辑区，单击"链接到前一条页眉"按钮，取消与前一节页眉内容的链接。

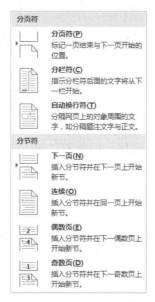

图 3-33　"分隔符"面板

3）将插入点置于第 2 节偶数页页眉编辑区，输入"C 语言"。

4）将插入点置于第 2 节奇数页页眉编辑区，输入"第 1 章"，在"关闭"组中单击"关闭页眉和页脚"按钮，完成页眉和页脚的设置。

（5）插入页码。

1）将插入点置于目录首页，切换到"插入"功能区，在"页眉和页脚"组中单击"页码"三角按钮，选择"页面底端"选项，选择"普通数字 2"。

2）切换到"插入"功能区，在"页眉和页脚"组中单击"页码"三角按钮，选择"页码格式"选项，弹出"页码格式"对话框，按照图 3-34 所示设置页码格式。单击"确定"按钮，完成第 1 节页码的插入和格式设置。

3）按照上面第 1）步和第 2）步，在正文的奇数页和偶数页分别插入页码，并分别进行页码格式设置，如图 3-35 所示，完成第 2 节页码的插入和格式设置。

图 3-34　第 1 节页码格式设置

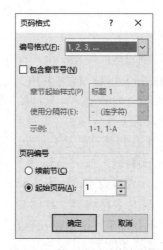

图 3-35　第 2 节页码格式设置

实训项目 3　表格的操作

一、实训目的

（1）掌握规则表格的设计方法。

（2）掌握合并单元格、拆分单元格、拆分表格的方法。

（3）掌握设置表格边框、行高、列宽、线型等的方法。

（4）掌握将文字转化为表格的方法。

二、实训准备

在磁盘上创建 Word 实训练习文件夹（D:\Word 实训），并将上机素材复制到此文件夹中。

三、实训内容及步骤

【案例 3-10】表格的操作。

启动 Word 2016，在自己文件夹内新建"表格操作.docx"文档文件，按下列要求进行操作，最后完成效果如图 3-36 所示。

产品销售情况表					
日期\n产品名	2015 年		2016 年		2017 年
	上半年	下半年	上半年	下半年	上半年
电视机	3000	3450	2120	1960	3500
洗衣机	2120	4890	1350	2340	2560
电冰箱	1560	1260	2560	1980	2110
总计	6680	9600	6030	6280	8170

图 3-36　表格完成效果

要求如下：

（1）绘制表格：制作一个 7 行 6 列的规则表格。

（2）合并单元格：按图 3-36 所示合并相应单元格。

（3）设置行高和列宽，具体要求如下：

● 设置第 1 行行高为 1.2 厘米，第 2～7 行行高为 0.7 厘米。

● 设置第 1 列列宽为 4 厘米，第 2～6 列列宽为 2 厘米。

（4）绘制斜线：按图 3-36 所示绘制斜线。

（5）输入表格内容：按图 3-36 所示输入单元格内容。

（6）格式化表格内容，具体要求如下：

● 第 1 行：单元格水平及垂直居中，字体为楷体、加粗、三号字。

● 第 2 行第 2 列到第 3 行第 6 列：中部居中，字体为楷体、五号字。

- 第 1 列第 4 行至第 7 行：中部两端对齐，字体为楷体、五号字。
- 第 2 列第 4 行到第 6 列第 7 行：靠下右对齐，字体为楷体、五号字。

（7）修饰表格，具体要求如下：

- 将第 1 行的边框设置为双线，金色，个性色 4，深度 25%，0.75 磅，并将该行底纹颜色设置为黄色。
- 将第 7 行的底纹设置为"白色-25%"，底纹的图案式样为 10%，图案颜色为"金色，个性色 4，淡色 40%"。

（8）输入公式计算单元格数据的和，要求用表格中的公式计算第 7 行的数据。

操作步骤如下：

（1）绘制表格。将插入点置于文档表格插入位置，切换到"插入"功能区，在"表格"组中单击"表格"三角按钮，在弹出的下拉列表中选择"插入表格"命令，出现"插入表格"对话框，在"表格尺寸"栏输入表格的行数 7 和列数 6，单击"确定"按钮，一个规则的 7 行 6 列的表格便插入文档中。对插入表格的设置如图 3-37 所示。

图 3-37　插入表格设置

（2）合并单元格。

- 选取表格第 1 行，切换到"表格工具/布局"功能区，在"合并"组中单击"合并单元格"按钮，即可将第 1 行合并为一个单元格，如图 3-38 所示。
- 按照上一步操作完成其他相应单元格的合并操作。

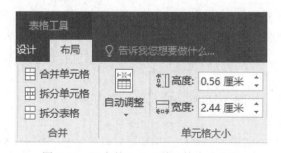

图 3-38　"合并"及"单元格大小"组

（3）设置行高和列宽。

- 选择表格第 1 行，切换到"布局"功能区，在"单元格大小"组中的"高度"输入框中输入"1.2 厘米"，在第 2 行左边选定区拖动鼠标到最后一行，选定其余 6 行，在"高度"输入框中输入"0.7 厘米"，完成表格行高的设置。
- 将鼠标指向表格左上角的十字交叉标记 ⊞，选中整个表格，右击选定区，在弹出的快捷菜单中选择"表格属性"命令，出现"表格属性"对话框。在该对话框中选择"列"选项卡，单击"后一列"按钮，此时自动选中第 1 列，在"指定宽度"输入框中输入"4 厘米"，设置好第 1 列宽度，然后单击"后一列"按钮，自动选中第 2 列，在"指定宽度"输入框中输入"2 厘米"，设置好第 2 列宽度。用相同方法完成第 3～6 列的宽度设置，最后单击"确定"按钮，完成列宽的设置。表格列宽设置如图 3-39 所示。

图 3-39　表格列宽设置

（4）绘制斜线。选择要绘制斜线的单元格，切换到"开始"功能区，在"段落"组中单击"边框"按钮 ▦·，在弹出的列表中选择"边框和底纹"命令，出现"边框和底纹"对话框，在"边框"选项卡中单击"斜线"按钮，按图 3-40 所示进行设置，最后单击"确定"按钮，完成斜线绘制。

（5）输入表格内容。按图 3-36 所示输入单元格内容。

（6）格式化表格内容。

- 选择表格第 1 行，切换到"开始"功能区，在"字体"组中设置楷体、加粗、三号字，完成对第 1 行单元格内容的字体设置。

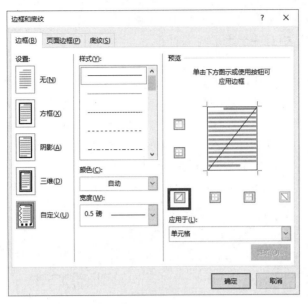

图 3-40　斜线表头设置

● 选择表格第 1 行，切换到"开始"选项卡，在"段落"组中单击"居中"按钮，完成
水平方向居中；然后右击，在弹出的快捷菜单中选择"表格属性"命令，在弹出的"表
格属性"对话框中单击"单元格"选项卡，如图 3-41 所示，在"垂直对齐方式"框
中选中"居中"图标，然后单击"确定"按钮即可。这样就完成了第 1 行单元格对齐
方式的设置。

图 3-41　"单元格"选项卡

- 按照上两步进行操作,完成对其他单元格内容的相应格式设置。注意"中部两端对齐"指的是垂直居中对齐,水平两端对齐。

（7）修饰表格。

- 选择表格第1行,切换到"开始"功能区,在"段落"组中单击"边框"按钮⊞ ▾,在弹出的列表中选择"边框和底纹"命令,出现"边框和底纹"对话框,在"边框"选项卡内选择"方框"图标,在"样式"区选择"双线",在颜色框中选择"金色,个性色4,深度25%",在"宽度"下拉列表框中选择"0.75磅"选项,然后单击"确定"按钮,完成第1行边框的设置。边框设置如图3-42所示。底纹的设置是在"边框和底纹"对话框中选择"底纹"选项卡,在"填充"下拉列表框中将颜色选为"黄色"。

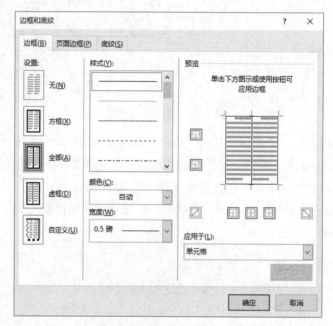

图3-42　边框设置

- 选择表格第7行,切换到"开始"功能区,在"段落"组中单击"边框"按钮⊞ ▾,在弹出的列表中选择"边框和底纹"命令,出现"边框和底纹"对话框,选择"底纹"选项卡,在"填充"下拉列表框中选择"白色-25%"选项,在"图案"区"样式"下拉列表框中选择"10%"选项,"颜色"选择"金色,个性色4,淡色40%",然后单击"确定"按钮,完成第7行底纹的设置。底纹设置如图3-43所示。

（8）输入公式计算单元格数据的和。

- 将插入点置于第7行第2列,切换到"表格工具/布局"功能区,在"数据"组中单击"公式"按钮,出现"公式"对话框,计算上方单元格数据的和的设置如图3-44所示。

- 将插入点置于第7行第3列,按F4键,上方单元格数据的和便显示在插入点所在的单元格中。

- 单元格第7行4~6列的单元格,均可按上一步骤将相应单元格上面数据的和显示在对应单元格中。

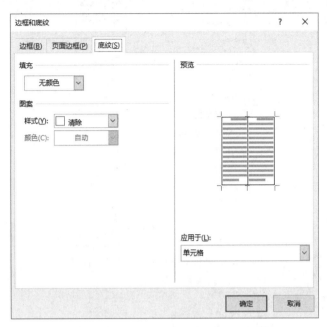

图 3-43　底纹设置

图 3-44　计算上方单元格数据的和

【案例 3-11】将文本转换为表格。

要求：在 Word 中输入下列文字，文本中的每行用段落标记符分开，每列用分隔符（如空格、逗号或制表符等）分开，将其转换为表格，并将文件保存为"表格 2.docx"。

姓名　数学　语文　外语

王光　95　88　99

石佳　96　88　90

郑大　90　93　89

操作步骤如下：

（1）选定添加段落标记和分隔符的文本。

（2）切换到"插入"功能区，在"表格"组中单击"表格"按钮，在弹出的"插入表格"面板中单击"文字转换成表格"按钮，弹出"将文字转换成表格"对话框，如图 3-45 所示，单击"确定"按钮（Word 能自动识别文本的分隔符，并计算表格列数），即可得到所需的表格。

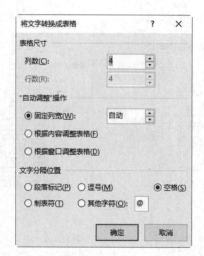

图 3-45　"将文字转换成表格"对话框

四、实训练习

（1）绘制图 3-46 所示的表格，并将文件保存为"表格 1.docx"。

中国××银行汇票委托书

汇款人				收款人								
账号或地址				账号或地址								
兑付地点	省　市			汇款用途								
汇款金额 人民币					十	万	千	百	十	元	角	分

图 3-46　表格 1.docx

（2）新建 Word 文档，输入图 3-47 所示的内容（不包括外边框），将文件保存为"表格 2.docx"，并按要求完成操作。

```
时间 路线
第一天：大连
第二天：沈阳
第三天：北京
```

图 3-47　表格 2.docx

要求如下：

- 将文档内容转化为 4 行 2 列的表格，设置表样式为"网格表 1 浅色-着色 2"。
- 设置第 1 列列宽为 5 厘米，第 2 列列宽为 9 厘米。

提示：文本中的每行用段落标记符分开，每列用分隔符（如空格、逗号或制表符等）分开。

（3）绘制图 3-48 所示的表格，并将文件保存为"表格 3.docx"。

招聘登记表

姓名		民族		照片
出生日期		政治面貌		
英语程度		联系电话		
就业意向				
E-mail 地址				
通信地址				

有何特长	
奖励或 处罚情况	

简历	时间	所在单位	职务

学院推荐意见：

（盖章）

年　月　日

学校就业办意见		用人单位意见	
	（盖章） 年　月　日		（盖章） 年　月　日

图 3-48　表格 3.docx

实训项目 4　文档的图文混排

一、实训目的

（1）掌握图片、艺术字、SmartArt 图形等的插入方法。
（2）掌握图片的排版方法。
（3）掌握文本框的使用方法及功能。
（4）掌握自选图形的绘制方法。
（5）掌握输入数学公式的方法。

二、实训准备

在磁盘上创建 Word 实训练习文件夹（D:\Word 实训），并将上机素材复制到此文件夹中。

三、实训内容及步骤

【案例 3-12】美化文档（插入图片、自选图形、艺术字、脚注）。
启动 Word 2016，打开"图文混排练习.docx"，按下列要求完成操作，效果如图 3-49 所示。

图 3-49　图文混排练习效果图

要求如下：

（1）在正文第 1 自然段后插入图片"女排夺冠.jpg"，缩放 95%，环绕方式为上下型。

（2）在文章开头插入艺术字"女排精神 中国精神"作为标题，艺术字样式采用第 3 行第 4 列的样式，字体为隶书、小初号，环绕方式为上下型，形状样式采用第 4 行第 2 列的样式（即细微效果-蓝色，强调文字颜色 1），形状效果设为"预设 4"。

（3）在页面底端为正文第 1 段首个"里约"插入脚注，编号格式为"①，②，③…"，注释内容为"里约热内卢，巴西第二大工业基地"。

（4）在正文最后插入自选图形，形状为无填充色，轮廓为黑色 0.25 磅单实线，在自选图形上添加文字"坚持不懈永不言弃"，根据文字调整形状，文字格式为宋体、小三号、加粗、居中，黑色。

（5）将正文倒数第 2 段分为有分隔线的等宽两栏。

（6）设置奇数页眉为"女排精神"，偶数页眉为"永不言弃"，页脚部分插入页码（阿拉伯数字）；页眉和页脚均为宋体，小五号，居中对齐。

操作步骤如下：

（1）插入图片。打开文件"图文混排练习.docx"，将插入点置于第 2 段开头处，切换到"插入"功能区，在"插图"组中单击"图片"按钮，找到自己文件夹下的"女排夺冠.jpg"文件，单击"插入"按钮即可。选中该图片，切换到"图片工具/格式"功能区，在"大小"组中单击"对话框启动器"按钮▣，弹出"布局"对话框，在"缩放"一栏中将"宽度"和"高度"均设为"95%"，然后单击"确定"按钮即可。或选中图片后右击，在弹出的快捷菜单中选择"大小和位置"命令，在弹出的"布局"对话框中进行与前面相同的设置即可。

（2）插入艺术字。将插入点置于第一段开头处，切换到"插入"功能区，在"文本"组中单击"插入艺术字"按钮，在弹出的列表中选择第 3 行第 4 列的样式，即"填充，白色，轮廓-着色 2，清晰阴影-着色 2"。然后在弹出的文本框中输入艺术字"女排精神 中国精神"。选中该艺术字，在"绘图工具/格式"功能区的"排列"组中单击"环绕文字"按钮，选择"上下型环绕"，在"形状样式"组中，依次单击"形状效果"→"预设"→"预设 4"，即可完成设置。

（3）插入脚注。把插入点定位在"里约"后面，然后将功能区切换至"引用"选项卡，单击"脚注"组中的"对话框启动器"按钮▣，将弹出"脚注和尾注"对话框，在"格式"一栏中的"编号格式"中选择要求的"①，②，③…"格式，然后单击"插入脚注"命令，则在插入点位置以一个上标的形式插入脚注标记，然后可以输入脚注内容。

（4）插入自选图形。

- 切换到"插入"功能区，在"插图"组中单击"形状"按钮，选择"前凸带形"形状，在文档末尾处拖动鼠标绘制适当尺寸的自选图形，复制自选图形 7 次，按图 3-49 所示排列好自选图形。

- 设置自选图形格式。选择第一个自选图形，按住 Shift 键加选其他自选图形，然后切换到"绘图工具/格式"功能区，在"形状样式"组中单击"形状填充"按钮 🎨形状填充▾，选择"无填充颜色"，单击"形状轮廓"按钮 ✏️形状轮廓▾，主题颜色选择"黑色"，"粗细"选择"0.25 磅"，"虚线"选择"实线"。

- 添加自选图形文字。选择第一个自选图形，单击"对话框启动器"按钮▣，出现"设置形状格式"对话框，选择"布局属性"选项，选择"文本框"，在弹出的面板中选择"根据文字调整文本框大小"。选取第 1 个自选图形并右击，在弹出的快捷菜单中选择"添加文字"命令，输入文字内容，选取输入的文字，按要求设置字体格式，完成文字的添加和格式设置。同理添加其他自选图形的文字。

● 组合自选图形和版式设置。选取所有的自选图形并右击，在弹出的快捷菜单中选择"组合"命令，即可将所有的自选图形组合成一个对象。右击组合对象，在弹出的快捷菜单中选择"其他布局选项"命令，在弹出的"布局"对话框中选择"嵌入型"文字环绕方式。

（5）设置分栏。选中倒数第 2 段文字，切换到"布局"功能区，在"页面设置"组中单击"分栏"三角按钮，选择"更多分栏"命令，出现"分栏"对话框，在预设区选择"两栏"，选择"分隔线"复选按钮，然后单击"确定"按钮，完成分栏设置。

（6）插入页眉页脚。

● 切换到"插入"功能区，在"页眉和页脚"组中单击"页眉"按钮，在弹出的列表中选择"空白"，输入页眉内容。

● 在"页眉和页脚工具/设计"功能区的"选项"组中选中"奇偶页不同"复选框。

● 单击功能区"导航"组中的"转至页脚"按钮，在"页眉和页脚"组中单击"页码"，在弹出的列表中依次选择"页面底端"→"普通数字 1"，设置好格式。

● 将光标定位至偶数页，按上面方法编辑页眉和页脚内容，并按要求设置格式。

【案例 3-13】插入 SmartArt 图形。

要求如下：

（1）新建 Word 文档，文件名为"练习 1.docx"，输入图 3-50 所示的文字（不包括外边框）。

（2）在该文档中插入 SmartArt 图形，图形样式为"垂直块列表"，颜色设置为"彩色范围-个性色 4-5"。

> 【夏】：山海关位于秦皇岛市，夏季气候凉爽，是理想的避暑胜地。
> 【春秋】：是候鸟迁徙季节，是观鸟专项游的最佳时段。
> 【冬】：可赏山海关冬季的雪景，别有一番感受。

图 3-50　"练习 1.docx"文档内容

操作步骤如下：

（1）输入文本内容。打开 Word 文档，将功能区切换到"插入"选项卡，单击"插图"组中的"SmartArt"按钮，在弹出的"选择 SmartArt 图形"对话框中选择第 6 行第 3 列的"垂直块列表"，然后单击"确定"按钮，在对应位置输入相应的文本内容即可。

（2）更改颜色。选中图形，切换到"SmartArt 图形/设计"功能区，在"SmartArt 样式"组中单击"更改颜色"按钮，选择题目要求的颜色即可，效果如图 3-51 所示。

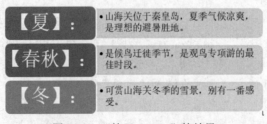

图 3-51　"练习 1.docx"的效果

【案例 3-14】绘制流程图。

要求：在 Word 中绘制图 3-52 所示的流程图，并将所有图形组合为一个图形，将文件命名为"练习 2.docx"，保存在自己的文件夹中。

操作步骤如下：

（1）功能区切换至"插入"，单击"插图"组的"形状"按钮，在弹出的下拉列表中的"流程图"组中，选择相应的工具进行图形的绘制，如图 3-53 所示。

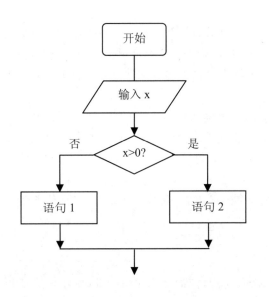

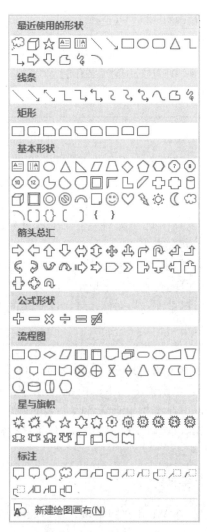

图 3-52　"练习 2.docx"的效果　　　　　图 3-53　"形状"下拉列表

（2）组合图形。按住 Shift 键，依次单击自选图形，选定所有图形后右击，在弹出的快捷菜单中选择"组合"命令，将所有的图形进行组合，使其成为一个图形。

提示：流程图中"是"和"否"两个字可以借助插入文本框输入。

【案例 3-15】邮件合并。

要求：在 Word 文档中输入以下内容（不包括外边框），用"邮件合并"功能在"尊敬的"和"（老师）"文字之间插入拟邀请的专家和老师姓名，拟邀请的专家和老师姓名保存在"通讯录.xlsx”文件中。每页邀请函中只能包含一位专家或老师的姓名，生成的邀请函文档以“练习 3.docx”为名字保存在自己的文件夹中。

操作步骤如下：

（1）打开 Word，输入图 3-54 所示的文字内容。

邀请函

尊敬的　　　　（老师）：

校学生会兹定于 2018 年 10 月 22 日在本校大礼堂举办“大学生网络创业交流会”的活动，并设立了分会场演讲主题的时间，特邀请您为我校学生进行指导和培训。

谢谢您对我校学生会工作的大力支持。

校学生会 外联部

2018 年 9 月 8 日

图 3-54 “练习 3.docx”的效果

（2）将插入点置于“尊敬的”后，切换到“邮件”功能区，在“开始邮件合并”组中单击“开始邮件合并”按钮，在弹出的下拉列表中选择“邮件合并分步向导”命令，此时在窗口右侧出现“邮件合并”窗格。

（3）在“选择文档类型”中选择“信函”，然后单击“下一步：开始文档”按钮，选择“使用当前文档”。

（4）单击“下一步：选择收件人”按钮，在“选择收件人”一栏中选择“使用现有列表”，并在“使用现有列表”中单击“浏览”按钮，打开“选取数据源”对话框，找到自己的文件夹，打开“通讯录.xlsx”文件，分别在出现的“选择表格”对话框与“邮件合并收件人”对话框中单击“确定”按钮。

（5）单击“下一步：撰写信函”按钮，单击“其他项目”，在打开的“插入合并域”对话框中分别单击“插入”及“关闭”按钮，可以看到“尊敬的”后面有“《姓名》”域。

（6）单击“下一步：预览信函”按钮，就可以看到姓名了，单击窗格中的“收件人”切换按钮，可在文档中查看各收件人的姓名。

（7）单击“下一步：完成合并”按钮，将文档保存为“练习 3.docx”，保存位置为自己的文件夹。

四、实训练习

（1）在 Word 文档中输入图 3-55 所示的内容，将文件命名为“练习 4.docx”，完成以下操作。

1）标题使用艺术字，艺术字样式为“渐变填充-蓝色，着色 1，反射”。

2）使用公式编辑器插入公式。

3）插入自选图形中的云形标注，设置轮廓即边框为黑色，云形标注内无填充颜色；

4）在文字下面依次画出圆、正方形、正三角形、五角星和正方体，颜色依次为绿、红、蓝、红色-玫瑰红的水平双色过度色、橙色-个性色 2-深度 25%，并把这几个图形组合成一个图形。

§3.1 方程求根

科学技术的很多问题常常归结为求方程 $f(x)=0$ 的根。在中学里我们已解过 x 的二次方程，如 $ax^2+bx+c=0$ 就属于这一种类型。方程的根有两个，即

$$x_1=\frac{-b+\sqrt{b^2-4ac}}{2a}$$

使用公式编辑器编辑的

如果 x_2 是它的根，那么用 x_2 代入 f(x)中，其值必定为 0。我们知道：$f(x)=y=ax^2+bx+c$ 的图线是一条二次曲线。

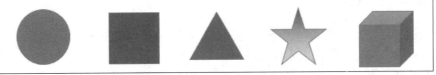

图 3-55　“练习 4.docx”的效果

提示：

- 小节符“§”的输入方法：切换到“插入”功能区，在“符号”组中单击“符号”按钮，选择“其他符号”命令，在弹出的对话框中，选择“字体”为默认的“普通文本”，选择“子集”为“拉丁语-1 增补”，即可找到该符号。
- 若要修改“云形标注”的填充颜色和轮廓颜色，单击选中后，在“绘图工具/格式”功能区的“形状样式”组中通过“形状填充”按钮和“形状轮廓”按钮进行相应设置即可。

（2）使用 SmartArt 图形设计旅游行程。要求如下：

1）新建 Word 文档，输入图 3-56 所示的内容（不包括外边框），将文件命名为“练习 5.docx”。

虎跳峡 - 白水台 - 桥头镇 - 银同小吃

图 3-56　文档“练习 5.docx”的内容

2）将输入的内容修改为 SmartArt 图形，图形样式为“基本流程”，设置颜色为“彩色-个性色”，效果如图 3-57 所示。

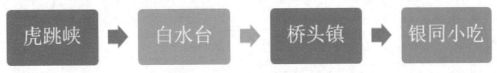

图 3-57　“练习 5.docx”的效果

提示：在该样式中，默认的文本框只有 3 个，不足以输入 4 个文本内容。所以需要选择 SmartArt 图形，单击图形框左侧的图标按钮，打开“在此处键入文字”对话框，如图 3-58 所示。当默认的 3 个文本框输入完成后，按 Enter 键即可增加 1 个文本框，在此文本框中输入第 4 个文本框的内容。

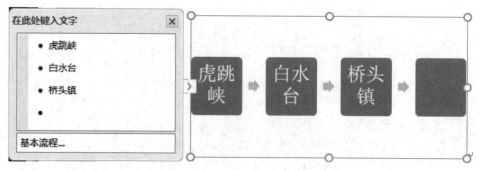

图 3-58　　"在此处键入文字"对话框

五、Word 综合作业

（1）根据自己的喜好自拟一个感兴趣的题目，或从下列参考题目中任选其一，有创意地完成一篇两页以上的有思想且艺术性强的 Word 文档。

主要参考题目有名家名篇、名胜古迹、故乡人文、新闻、个人简介/名人简介、自荐信。

（2）在上述主题 Word 文档中，按如下要求进行格式设置等操作。

- 将你所在的班级及你的学号和姓名写在页眉中。
- 在页脚中设置页码和总页数。
- 在文档中设置分栏、首字下沉、首行缩进。
- 设置段落格式：行距、段前和段后间距、项目符号和编号等。
- 文档中要插入图片、艺术字、文本框、自选图形等。
- 设置字符格式：字体、字号、字型、字符边框和底纹等。
- 设置页面格式：纸型为 A4 纸，上、下、左、右页边距分别为 2 厘米、2.5 厘米、2 厘米、2 厘米。
- 保存文档的文件名为"班级学号姓名.docx"。

第 4 章 演示文稿处理软件 PowerPoint

本章实训的基本要求：
- 掌握制作演示文稿的操作方法。
- 掌握 PowerPoint 文本、图片和声音等幻灯片元素的设置和操作。
- 掌握 PowerPoint 动画和超链接的设置。
- 掌握幻灯片的放映方法。

实训项目 1 幻灯片的基本操作

一、实训目的

（1）了解 PowerPoint 2016 窗口的组成、视图方式及幻灯片制作的相关概念。
（2）掌握演示文稿的创建及幻灯片的管理方法。
（3）掌握幻灯片的设置与修改方法。
（4）掌握相册的创建和使用方法。

二、实训准备

（1）熟悉 PowerPoint 2016 的启动和退出。
（2）在某个磁盘（如 E:\）上创建一个文件夹，命名为"我的演示文稿"。打开该文件夹，在其中右击，选定快捷菜单中的"新建"→"Microsoft PowerPoint 演示文稿"命令，在弹出的窗口中完成幻灯片练习并注意随时保存所完成的内容。
（3）如果要完成诸如毕业论文答辩、企业培训讲解、公司产品介绍等大型演示文稿的制作，一般要经历以下几个步骤：
1）准备素材：主要是准备演示文稿中所需的一些图片、声音、动画等文件。
2）确定方案：根据演示文稿内容的整个构架给出一个设计方案。
3）初步制作：将文本、图片等对象输入或插入相应的幻灯片中。
4）装饰处理：设置幻灯片相关对象的格式，包括图文的颜色、动画效果等。
5）预演播放：设置播放过程的相关命令，查看播放效果，修改满意后进行正式播放。

三、实训内容及步骤

【案例 4-1】"环境保护"演示文稿的制作。
1. 制作第 1 张幻灯片——标题幻灯片
创建新演示文稿，制作第 1 张幻灯片，幻灯片版式为"标题幻灯片"，输入文字，应用幻灯片"环保"主题。

操作步骤如下：

（1）单击"开始"按钮，在"所有程序"下的 Microsoft Office 组件中单击 Microsoft Office PowerPoint 2016，启动应用程序。PowerPoint 启动窗口如图 4-1 所示。

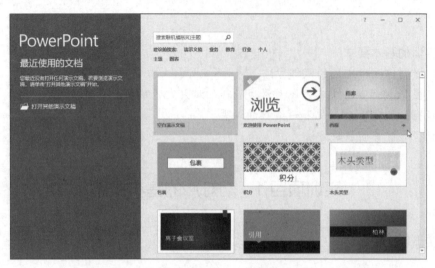

图 4-1　PowerPoint 启动窗口

（2）单击选择"空白演示文稿"，在默认设置状态下启动 PowerPoint 后，系统会自动创建带有一张版式为"标题幻灯片"的演示文稿，并显示 PowerPoint 的"普通"视图窗口，如图 4-2 所示。

图 4-2　PowerPoint 用户界面

（3）在幻灯片的工作区中单击"单击此处添加标题"占位符，输入标题文字"环境保护"。在"单击此处添加副标题"处输入"从我做起"，并设置字号为 32，向下调整位置，如图 4-3 所示。

图 4-3　"环境保护"标题幻灯片

　　（4）单击"设计"选项卡"主题"组旁的下拉按钮，弹出"主题"下拉列表，选择"环保"主题，如图 4-4 所示。应用"环保"主题后的幻灯片如图 4-5 所示。

图 4-4　选择"环保"主题

图 4-5　应用"环保"主题后的标题幻灯片

（5）保存演示文稿。选择"文件"→"保存"→"浏览"命令，在弹出的"另存为"对话框中选择演示文稿保存的位置并输入文件名"环境保护"，然后单击"保存"按钮，如图 4-6 所示。

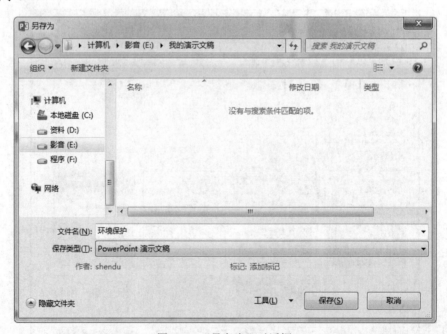

图 4-6　"另存为"对话框

提示：初次保存演示文稿时，会弹出"另存为"对话框。在演示文稿的编辑过程中，通过按 Ctrl+S 组合键或单击"快速访问工具栏"上的"保存"按钮，可随时保存编辑内容。

2．制作第 2 张幻灯片——目录幻灯片

创建第 2 张幻灯片，选择幻灯片的版式为"标题和内容"，并在其中插入 SmartArt 图形。操作步骤如下：

（1）单击"开始"选项卡下的"新建幻灯片"下拉按钮，从展开的版式列表中选择"标题和内容"版式，如图 4-7 所示。

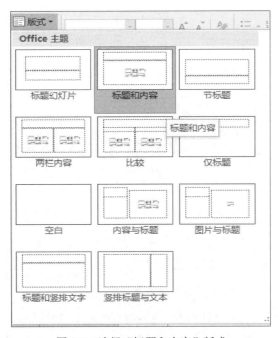

图 4-7　选择"标题和内容"版式

（2）单击"标题和内容"版式里的标题占位符，输入"目录"。单击内容栏中间工具栏上的"插入 SmartArt 图形"按钮，打开"选择 SmartArt 图形"对话框，如图 4-8 所示，选择"列表"中的"垂直图片重点列表"。

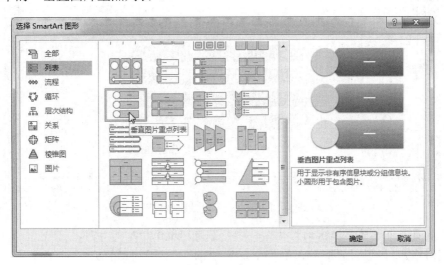

图 4-8　"选择 SmartArt 图形"对话框

（3）输入文本，在图形中加入新列表项，可以通过单击"设计"选项卡中的"添加形状"按钮实现，如图 4-9 所示。

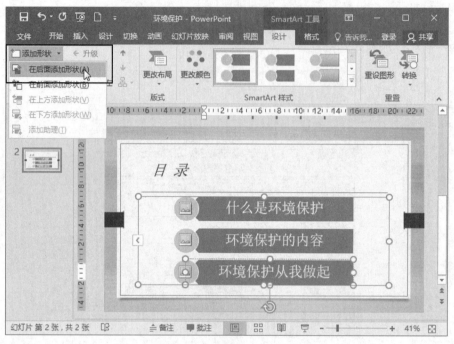

图 4-9　"添加形状"按钮

（4）利用"SmartArt 工具-设计"和"SmartArt 工具-格式"选项卡上的功能按钮来完成其他操作，如更改颜色、调整尺寸。第 2 张幻灯片完成效果如图 4-10 所示。

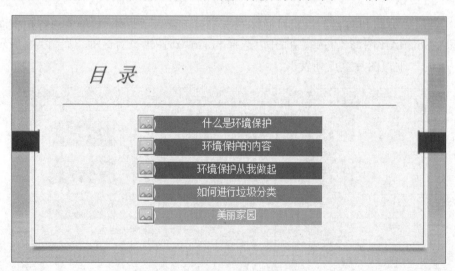

图 4-10　第 2 张幻灯片完成效果

3. 设置母版并制作第 3 张幻灯片——"什么是环境保护"幻灯片

为幻灯片设置母版，调整字体和字号，插入图片。对于创建的第 3 张幻灯片，选择幻灯片的版式为"两栏内容"，并在其中插入图片。

操作步骤如下：

（1）在"视图"选项卡下单击"幻灯片母版"按钮，转换到"幻灯片母版"视图。在左侧的幻灯片母版缩略图中选择第 1 张母版，如图 4-11 所示。

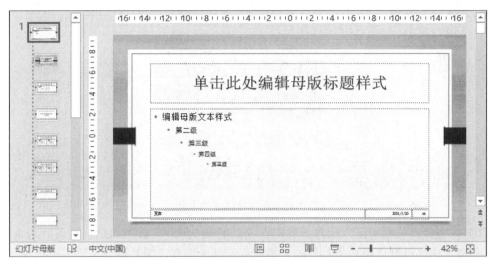

图 4-11　选择母版

（2）单击母版标题样式区，设置标题样式为"黑体"，字体颜色为"深红，深色"；在幻灯片母版文本样式区中，设置各级文本样式的字体为"楷体"。

（3）在母版中插入图片。单击"插入"选项卡下的"图片"按钮，插入"绿色环保"图片，将其放到幻灯片左上角，如图 4-12 所示。

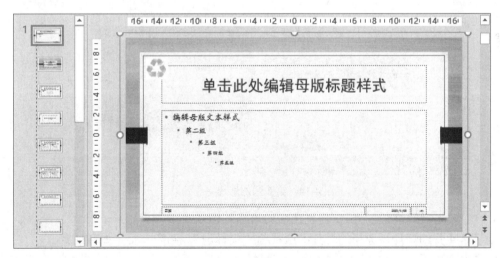

图 4-12　在母版中插入图片

（4）关闭幻灯片母版，则幻灯片母版设置完成。修改母版后，第 2 张幻灯片的显示效果如图 4-13 所示。

（5）新建幻灯片，选择幻灯片的版式为"两栏内容"，在标题占位符中输入"什么是环境保护"，在左侧文本内容占位符中依次输入相关内容。

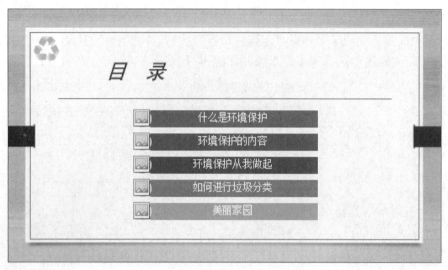

图 4-13　母版修改后的效果

（6）在右侧占位栏中插入图片。单击占位栏中的"图片"按钮，选择准备好的 1 张图片并插入幻灯片中，打开"图片工具"的"格式"选项卡，在"图片样式"列表中选择 "矩形投影"，调整图片的尺寸和位置。第 3 张幻灯片完成效果如图 4-14 所示。

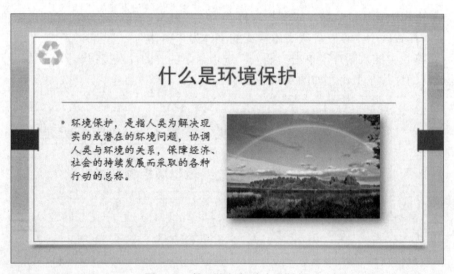

图 4-14　第 3 张幻灯片完成效果

4. 制作第 4 张幻灯片——"环境保护的内容"幻灯片

创建第 4 张幻灯片，选择幻灯片的版式为"仅标题"，并插入文本框和图片。

操作步骤如下：

（1）新建幻灯片，选择版式为"仅标题"，在标题中输入"环境保护的内容"。

（2）单击"插入"选项卡下的"图片"按钮，选择准备好的 1 张图片并插入幻灯片中，调整图片的尺寸和位置。

（3）单击"插入"选项卡下的"文本框"按钮，将文本框插入幻灯片中，输入相应内容，字体为楷体，字号为 24 号。在"格式"选项卡中设置形状样式为"彩色填充-橙色，强调样式

5"，如图 4-15 所示。调整文本框的尺寸和位置，然后复制生成另外两个文本框，修改其中的文字内容，调整文本框的尺寸和位置。第 4 张幻灯片完成效果如图 4-16 所示。

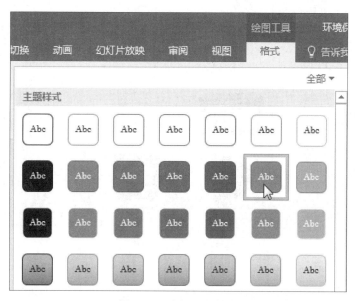

图 4-15　选择形状样式

图 4-16　第 4 张幻灯片完成效果

5．制作第 5 张幻灯片——"环境保护从我做起"幻灯片

创建第 5 张幻灯片，幻灯片版式为"仅标题"，并插入图片和形状。

操作步骤如下：

（1）新建幻灯片，选择版式为"仅标题"，在标题中输入"环境保护从我做起"。

（2）单击"插入"选项卡下的"图片"按钮，选择准备好的 4 张图片并插入幻灯片中，调整图片的尺寸和位置。

（3）选择所有图片，打开"图片工具"的"格式"选项卡，从"图片样式"列表中选择"棱台矩形"，完成效果如图 4-17 所示。

图 4-17　完成效果

（4）打开"插入"选项卡下的"形状"列表，选择"圆角矩形标注"选项，如图 4-18 所示。在幻灯片上拖动插入该标注图形，在"格式"选项卡中，设置"主题样式"为"浅色 1 轮廓，彩色填充-青色，强调颜色 2"，如图 4-19 所示。

图 4-18　"基本形状"列表

图 4-19　设置主题样式

（5）右击标注图形，在标注图形中输入相应文字，设置文字为加粗、倾斜，调整标注图形的尺寸和位置。复制生成其他 3 个标注图形，修改相应的文字内容。第 5 张幻灯片完成效果如图 4-20 所示。

图 4-20　第 5 张幻灯片完成效果

6. 制作第 6 张幻灯片——"如何进行垃圾分类"幻灯片

创建第 6 张幻灯片，幻灯片版式为"标题和内容"，并插入表格和图片，设置背景颜色。操作步骤如下：

（1）新建幻灯片，选择版式为"标题和内容"，在标题中输入"如何进行垃圾分类"；在内容区选择"插入表格"命令，在弹出的"插入表格"对话框中的相应项内输入 5 行、3 列，单击"确定"按钮，则在幻灯片中插入表格。

调整表格的尺寸，在表格中输入文字内容，设置表格文字格式为楷体、24 号、调整对齐方式，在表格的第 2 列插入 4 张准备好的图片，如图 4-21 所示。

图 4-21　输入表格内容

（2）绘制表格框线。选中表格，单击"表格工具"的"设计"选项卡，在"绘制边框"组中设置框线宽度为 1.0 磅；在"表格样式"组中打开"边框"选择列表，选择"内部框线"项；再将框线宽度设置为 2.25 磅，将该线宽分别用于表格的上框线和下框线，如图 4-22 所示。

（3）修改幻灯片的背景颜色。单击"设计"选项卡下的"设置背景格式"按钮，在出现的右侧窗格中选择"纯色填充"单选项，选择颜色为"青色，个性色 2，淡色 40%"，如图 4-23 所示。第 6 张幻灯片完成效果如图 4-24 所示。

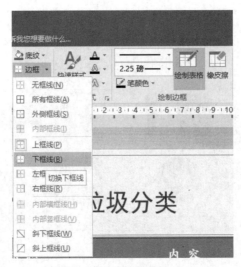

图 4-22　绘制表格边框

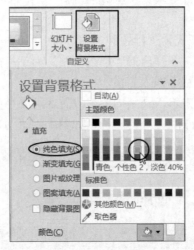

图 4-23　设置背景格式

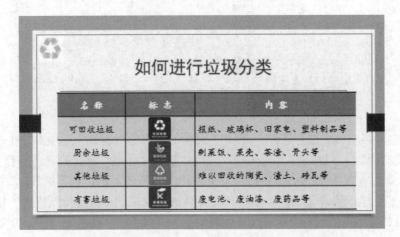

图 4-24　第 6 张幻灯片完成效果

7. 制作第 7 张幻灯片——"美丽家园"幻灯片

创建第 7 张幻灯片，幻灯片版式为"竖版标题与文本"，并设置背景图片，插入图片。

操作步骤如下：

（1）新建幻灯片，选择版式为"竖版标题与文本"，在标题中输入"美丽家园"，左对齐标题，删除内容占位符。

（2）设置背景格式。单击"设计"选项卡下的"设置背景格式"按钮，在出现的右侧窗格"设置背景格式"中选择"图片或纹理填充填充"单选项，勾选"隐藏背景图形"复选框，透明度设置为 62%，单击"文件"按钮，如图 4-25 所示，插入准备好的 1 张背景图片，幻灯片效果如图 4-26 所示。

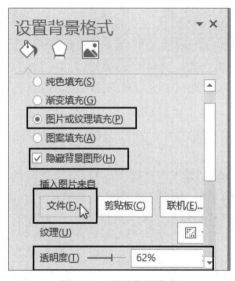

图 4-25　设置背景格式

图 4-26　幻灯片效果

（3）插入准备好的 4 张图片，调整各对象的尺寸和位置，设置图片样式，旋转图片。第 7 张幻灯片完成效果如图 4-27 所示。

图 4-27　第 7 张幻灯片完成效果

8. 制作第 8 张幻灯片——结束页幻灯片

创建第 8 张幻灯片，幻灯片版式为"空白幻灯片"，并插入图片和艺术字。

操作步骤如下：

（1）新建幻灯片，选择版式为"空白幻灯片"。

（2）切换到"插入"选项卡，插入 1 张图片，调整尺寸。

（3）在"插入"选项卡下单击"文本"组中的"艺术字"，选择一种艺术字样式，如图 4-28 所示。

图 4-28　选择一种艺术字样式

在幻灯片工作区中的"请在此放置您的文字"处修改标题为"环境保护人人有责"，调整字号为 80，设置字体为黑体、加粗，调整艺术字的位置，结束页幻灯片效果如图 4-29 所示。

（4）单击标题栏左侧快捷工具栏上的"保存"按钮，保存文件。

"环境保护"演示文稿的完成效果如图 4-30 所示。

图 4-29　结束页幻灯片效果

图 4-30　"环境保护"演示文稿的完成效果

【案例 4-2】制作"我的相册"演示文稿。

1.　创建相册

新建幻灯片，编辑相册，插入多张花卉图片，设置相册版式。

操作步骤如下：

（1）启动 PowerPoint，创建空白演示文稿，切换到"插入"选项卡下，单击"图像"组的"相册"按钮，在弹出的下拉列表中选择"新建相册"选项，弹出"相册"对话框。

（2）在"相册"对话框中单击"文件/磁盘"按钮，弹出"插入新图片"对话框，如图 4-31 所示，选择要插入相册的图片，可以选择一张或多张图片。

（3）单击"插入"按钮，在"相册中的图片列"表框中将显示所选的图片文件，如图 4-32 所示，可以对图片进行位置调整和其他设置。

图 4-31 "插入新图片"对话框

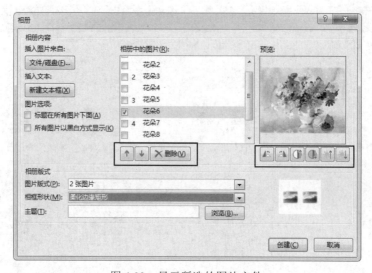

图 4-32 显示所选的图片文件

（4）在"图片版式"下拉列表框中选择"2 张图片"选项，在"相框形状"下拉列表框中选择"柔化边缘矩形"选项。

（5）单击"创建"按钮，完成相册的制作。

（6）设置相册主题为"回顾"。单击"设计"选项卡下"主题"组的"回顾"选项，即完成设置，如图 4-33 所示。

（7）将标题"相册"改成"花卉"，设置其字体为"华文行楷"，保存演示文稿为"我的相册"。

2. 设置页眉与页脚

操作步骤如下：

（1）打开演示文稿"我的相册"，在"插入"选项卡下单击"文本"组的"页眉和页脚"按钮，如图 4-34 所示。

图 4-33　设置"回顾"主题

图 4-34　单击"页眉和页脚"按钮

（2）在弹出的"页眉和页脚"对话框（图 4-35）中，选择"幻灯片"选项卡，在"幻灯片包含内容"栏下，勾选"日期和时间"复选框，选择"自动更新"单选项，勾选"幻灯片编号"复选框，勾选"页脚"复选框，输入页脚文字"花卉欣赏"，并勾选"标题幻灯片中不显示"复选框。

图 4-35　"页眉和页脚"对话框

（3）单击"全部应用"按钮，返回幻灯片。适当调整文字格式和位置。页眉和页脚设置完成效果如图 4-36 所示。

图 4-36　页眉和页脚设置完成效果

3. 插入音频

操作步骤如下：

（1）选择第 1 张幻灯片，切换到"插入"选项卡下，单击"媒体"组中的"音频"选项，如图 4-37 所示。

图 4-37　"插入"/"媒体"工具栏

（2）选择图 4-37 中音频下拉列表中的"PC 上的音频"命令，打开"插入音频"对话框，选中要插入的音频文件，然后单击"插入"按钮，则该音频文件被插入幻灯片中。插入音频后，在幻灯片上将显示一个表示音频文件的"小喇叭"图标，如图 4-38 所示，指向或单击该图标，将出现音频控制栏。单击"播放"按钮可播放声音，并可在控制栏中看到声音播放进度。

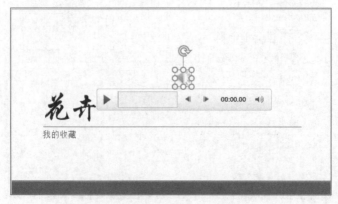

图 4-38　"小喇叭"图标

（3）音频的播放设置。选中音频图标，单击打开"音频工具"下的"播放"选项卡，设置"淡入"和"淡出"的持续时间为 01.25 秒，设置开始方式为"自动"，选中"跨幻灯片播放"和"放映时隐藏"复选项，如图 4-39 所示。

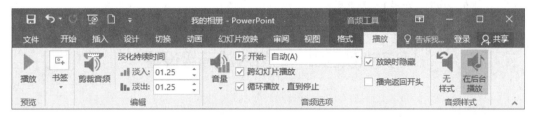

图 4-39　音频的播放设置

播放幻灯片，观察效果。保存文件，"我的相册"演示文稿的完成效果如图 4-40 所示。

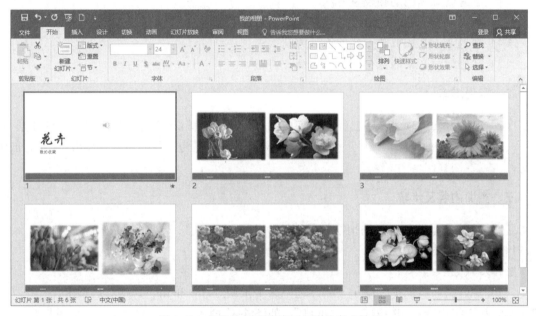

图 4-40　"我的相册"演示文稿的完成效果

四、实训练习

（1）参照案例 4-1，有创意地制作完成 6 张幻灯片。

（2）模拟毕业论文答辩、企业培训讲解或公司产品介绍，制作一组完整的演示文稿。

要求如下：

● 第 1 张为标题页，含有主标题和副标题。

● 第 2 张为目录页，使用 SmartArt 图形。

● 幻灯片内容要丰富充实、层次清楚、背景美观、图文并茂。

● 幻灯片要采用不同的版式和模板设计，插入各种图片、艺术字、表格、图表及多媒体信息。

五、实训思考

（1）在 PowerPoint 2016 中有几种视图方式？各适用于什么情况？

（2）如何为幻灯片设置背景？

实训项目 2   幻灯片的高级设置

一、实训目的

（1）掌握幻灯片的切换方法。

（2）掌握幻灯片的动画设置方法。

（3）掌握动作按钮和超链接的设置与使用方法。

（4）掌握演示文稿放映方式的设置方法。

（5）掌握演示文稿的保存与输出方法。

二、实训准备

（1）准备好实训项目 1 中已经制作完成的两个演示文稿："环境保护"和"我的相册"。

（2）在某个磁盘（如 E:\）上创建自己的文件夹，命名为"我的演示文稿"，用于存放练习文件。

三、实训内容及步骤

【案例 4-3】设置幻灯片的切换效果。

1. 给幻灯片添加切换效果

操作步骤如下：

（1）打开"环境保护"演示文稿，选中第 1 张幻灯片，单击"切换"选项卡，在"切换到此幻灯片"组中选择切换效果为"推进"，如图 4-41 所示。

图 4-41　选择切换效果

设置后，可以在幻灯片的浏览窗格中看到切换效果标志，单击"切换"选项卡下的"预览"按钮，查看切换效果。

（2）选择第 2 张幻灯片，单击"切换"选项卡中的"其他"按钮，打开"切换"样式列表，选择"时钟"效果，如图 4-42 所示。采用相同方法，设置其他幻灯片切换效果，设置最后一张幻灯片切换效果为"帘式"。

（3）放映幻灯片，观看切换效果。

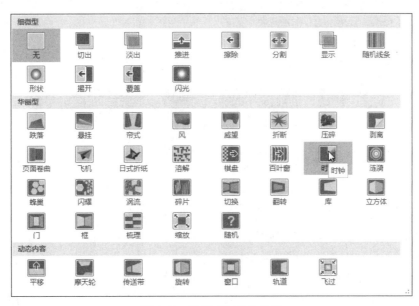

图 4-42　选择"时钟"效果

2. 设置切换效果

操作步骤如下：

（1）选中第 1 张幻灯片，在"切换到此幻灯片"组中的"效果选项"中选择"自左侧"选项，如图 4-43 所示，即让幻灯片切换的"推进"效果自左侧开始。

（2）选中第 2 张幻灯片，在"切换"选项卡的"计时"组中，设置切换时的声音效果为"风铃"，如图 4-44 所示。

图 4-43　设置切换效果

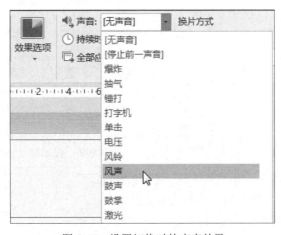

图 4-44　设置切换时的声音效果

（3）选中结束页幻灯片，将"计时"组中的持续时间改为"04.00"，即改为 4 秒。放映幻灯片，观看修改后的切换效果。

3. 将切换效果用于多张幻灯片

操作步骤如下：

（1）打开"我的相册"演示文稿，选中第 1 张幻灯片，在"切换"选项卡下，从切换效果列表中选择幻灯片切换效果为"涟漪"。

（2）在"切换"选项卡的"计时"组中单击"全部应用"按钮，如图 4-45 所示，则该切换效果将应用于演示文稿的所有幻灯片。

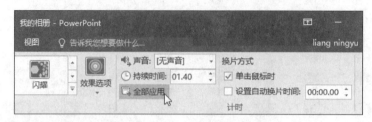

图 4-45　单击"全部应用"按钮

（3）放映演示文稿，观察切换效果。

【案例 4-4】设置幻灯片的动画效果。

1. 设置标题的动画效果

打开"环境保护"演示文稿，在第 1 张幻灯片中选择标题"环境保护"，切换到"动画"选项卡，在"动画"组中单击"其他"按钮，打开动画效果列表，设置标题的动画效果为"旋转"，如图 4-46 所示。

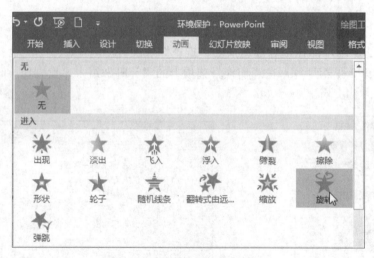

图 4-46　设置标题的动画效果

单击"预览"按钮，观察效果。

2. 设置幻灯片的动画效果

操作步骤如下：

（1）在"环境保护"演示文稿中，选择第 4 张幻灯片"环境保护的内容"，选中左侧 3 个文本框，从动画效果列表中选择"飞入"选项，单击"动画"组的"效果选项"按钮，从打开的列表中选择飞入方向为"自左侧"。

（2）选中右侧图片，单击动画效果列表下方的"更多进入效果"打开"更改进入效果"对话框，如图 4-47 所示，选择"十字形扩展"选项，"效果选项"的"方向"为"切入"，"形状"为"加号"，如图 4-48 所示。

图 4-47　"更改进入效果"对话框　　　　　图 4-48　设置方向和形状

（3）单击"动画"选项卡下的"预览"按钮，观察动画设置效果。

用相同方法设置其他幻灯片的动画效果。

【案例 4-5】　动作按钮、超链接的使用

1. 插入超链接

操作步骤如下：

（1）在"环境保护"演示文稿中单击第 2 张幻灯片，选中右侧的文字"3. 什么是环境保护"，单击"插入"选项卡下的"超链接"按钮，在弹出的"插入超链接"对话框（图 4-49）中，从左侧"链接到"列表中选择"本文档中的位置"，再从文档中选择幻灯片"3.什么是环境保护"，然后单击"确定"按钮，则建立了指向本文档内幻灯片的超链接。

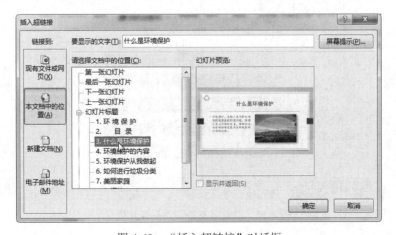

图 4-49　"插入超链接"对话框

（2）用相同方法依次建立指向其他页的超链接。播放幻灯片时，单击超链接可转到相应幻灯片。

（3）若想更改超链接的字体，在"设计"选项卡下的"变体"组中单击"其他"按钮，在弹出的下拉菜单中选择"颜色"选项，在弹出的下拉列表中选择最下面的"自定义颜色"命令，弹出"主题颜色"界面，如图4-50所示，在此进行相应设置。

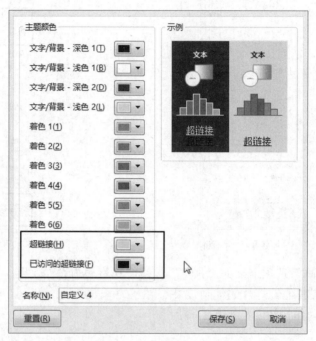

图4-50　"主题颜色"界面

插入了超链接的幻灯片效果如图4-51所示。

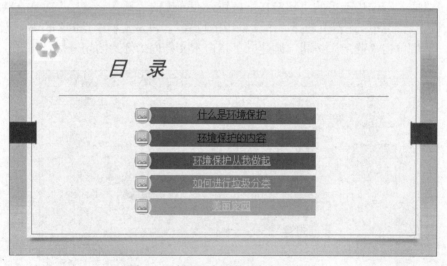

图4-51　插入了超链接的幻灯片效果

2. 动作按钮的使用

操作步骤如下：

（1）在"环境保护"演示文稿中，选择第3张幻灯片（什么是环境保护），在"插入"

选项卡下的"插图"组中单击"形状"按钮，在弹出的下拉列表中找到动作按钮，如图 4-52 所示。

图 4-52　插入动作按钮

（2）单击"第一张"动作按钮，在幻灯片中按住鼠标左键并拖动，绘制出该按钮的大小与形状，松开鼠标后，系统自动弹出"动作设置"对话框，选择"超链接到"命令，弹出"超链接到幻灯片"对话框，如图 4-53 所示，选择"2.目录"选项。

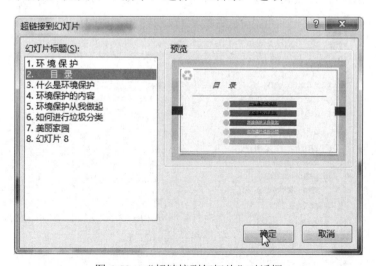

图 4-53　"超链接到幻灯片"对话框

（3）单击"确定"按钮，则在幻灯片上添加了动作按钮。将该动作按钮复制到第 4～7 张幻灯片上，则在对应幻灯片的右下角都添加了动作按钮，如图 4-54 所示。

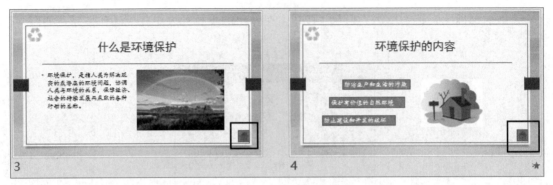

图 4-54 添加动作按钮

播放幻灯片，单击上述添加的动作按钮即可跳转到第 2 张幻灯片。

【案例 4-6】幻灯片的放映设置。

1. 设置幻灯片的放映方式

操作步骤如下：

（1）打开"我的相册"演示文稿，切换到"幻灯片放映"选项卡，在"设置"组中单击"设置幻灯片放映"按钮，如图 4-55 所示。

图 4-55 单击"设置幻灯片放映"按钮

（2）在弹出的"设置放映方式"对话框中，"放映类型"选择"观众自行浏览（窗口）"，"放映选项"选择"循环放映，按 ESC 键终止"，如图 4-56 所示。

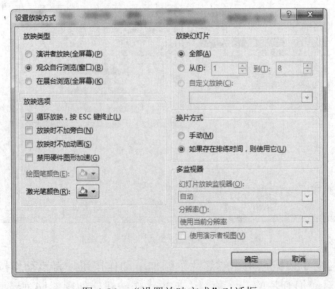

图 4-56 "设置放映方式"对话框

（3）单击"确定"按钮，返回幻灯片。放映幻灯片，幻灯片以窗口方式显示。

2．设置排练计时

操作步骤如下：

（1）打开"我的相册"演示文稿，在"幻灯片放映"选项卡的"设置"组中单击"排练计时"按钮，如图 4-57 所示。

图 4-57　单击"排练计时"按钮

（2）幻灯片进入"排练计时"放映状态，幻灯片全屏显示，同时窗口上出现"录制"工具栏，并在"幻灯片放映时间"框中开始计时，如图 4-58 所示。放映完一张幻灯片后，单击切换到下一张幻灯片。

（3）放映到达幻灯片末尾将出现图 4-59 所示的提示信息对话框，单击"是"按钮，保留排练时间。

图 4-58　"排练计时"操作

图 4-59　"排练计时"提示信息对话框

（4）返回幻灯片，在"幻灯片浏览"视图中每张幻灯片的缩略图下，可以看到排练计时的时间。播放幻灯片，观察排练计时的效果。

提示：如果在"设置放映方式"对话框中将"换片方式"选择为"手动"，则不应用排练计时来自动换片。

【案例 4-7】演示文稿的保存与输出。

1．将演示文稿保存为"PowerPoint 放映"文件

操作步骤如下：

（1）打开"我的相册"演示文稿，切换到"文件"选项卡，选择"另存为"命令，弹出"另存为"对话框，选择保存文件位置为"E:\我的演示文稿"。

（2）单击打开"保存类型"下拉列表，选择保存类型为"PowerPoint 放映"，如图 4-60 所示，文件名为"我的相册"，单击"保存"按钮，即将演示文稿保存为"PowerPoint 放映（.ppsx）"文件。

（3）打开"我的演示文稿"文件夹，双击新生成的文件"我的相册.ppsx"，观看播放效果。

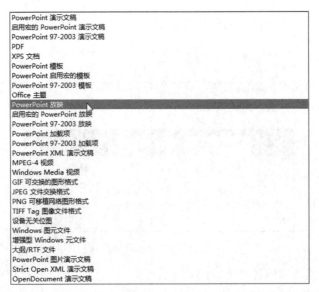

图 4-60 文件"保存类型"列表

2. 将演示文稿输出为 PDF 文档

操作步骤如下：

（1）打开"我的相册"演示文稿，单击"文件"选项卡，选择"导出"命令，在"导出"列表中选择"创建 PDF/XPS 文档"，单击"创建 PDF/XPS 文档"按钮，如图 4-61 所示。

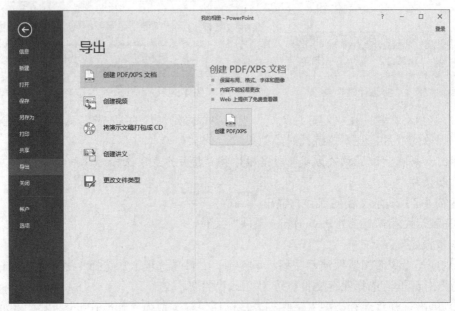

图 4-61 创建 PDF/XPS 文档

（2）在弹出的"发布为 PDF 或 XPS"对话框中，文件类型选择默认的"PDF"，保存路径选择为"E:\我的演示文稿"，文件名为"我的相册"。

（3）单击"发布"按钮，即可将演示文稿转换为 PDF 文档。转换完成后，PDF 阅读器将自动打开该文档，效果如图 4-62 所示。

图 4-62 导出为 PDF 文档的打开效果

四、实训练习

（1）打开在"实训项目 1"的"实训练习"中完成的演示文稿，进行如下设置：
- 为目录页（第 2 页）与后面的幻灯片建立超链接。
- 设置幻灯片的切换效果。
- 设置幻灯片的动画效果。
- 设置放映方式为"演讲者放映"，放映选项为"循环放映"。
- 将演示文稿保存为 PDF 格式的文件。

（2）新建空白演示文稿，命名为"校园生活"，包含 4 张幻灯片，第 1 张幻灯片版式为"标题幻灯片"，第 2~4 张幻灯片版式为"标题和内容"，输入图 4-63 所示的文字。

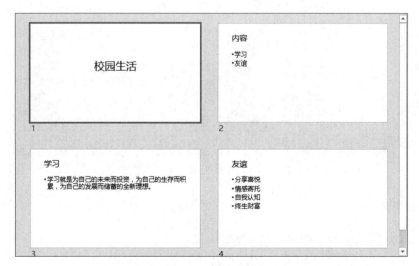

图 4-63 输入文字

在"校园生活"演示文稿中完成下列操作：

1）设置幻灯片的设计主题为"平面"，设置第 2～4 张幻灯片标题字号为 44，内容字号为 36，字体为楷体。

2）在第 2 张幻灯片中设置背景格式，在渐变填充项中，预设渐变为"浅性渐变-个性色 2"。将第 2 张幻灯片上的文本转换为 SmartArt，版式设置为"带形箭头"。

3）为第 2 张幻灯片上的文字"学习"建立超链接，链接到第 3 张幻灯片，将文字"友谊"链接到第 4 张幻灯片。

4）在第 3 张幻灯片中插入 1 张图片，设置图片的样式为"柔化边缘椭圆"。标题文字"学习"设置动画效果为旋转，幻灯片上其他文本内容设置动画效果为"擦除"，方向为"自顶部"。

5）在第 3 张和第 4 张幻灯片右下角插入"转到主页"动作按钮，超链接到第 2 张幻灯片。

6）在最后 1 张幻灯片中插入艺术字，内容为"以梦为马，不负韶华"，设置艺术字的文字效果为"上弯弧"。

7）为所有幻灯片添加页脚"青春无悔"，设置自动更新的日期和时间，格式为××××年××月××日，标题页除外。设置所有幻灯片的切换效果为"风"。

"校园生活"演示文稿完成效果如图 4-64 所示。

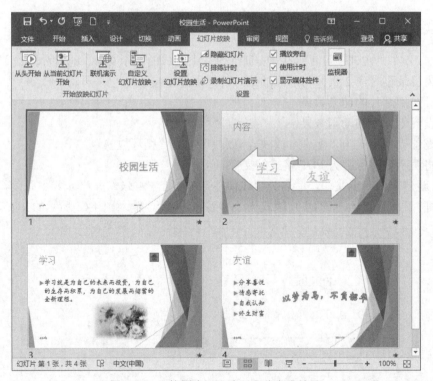

图 4-64　"校园生活"演示文稿完成效果

五、实训思考

（1）如何为一张图片设置多个动画效果？

（2）如何为一个演示文稿中的不同幻灯片设置不同的母版？

第 5 章　电子表格处理软件 Excel

本章实训的基本要求：
- 掌握 Excel 工作簿及工作表的基本操作方法。
- 掌握设置单元格及工作表格式的方法。
- 掌握数据输入及编辑的方法。
- 掌握公式和函数的使用方法。
- 掌握数据的管理和分析方法。
- 掌握图表的制作和编辑方法。

实训项目 1　Excel 2016 的基本操作

一、实训目的

（1）掌握 Excel 的基本概念。
（2）熟练掌握工作簿的新建、打开、保存、关闭等操作。
（3）熟练掌握工作表的新建、复制、移动、删除、重命名等操作。
（4）熟练掌握数据编辑和快速输入方法。
（5）熟练掌握单元格的格式设置和工作表的美化（格式化）方法。

二、实训准备

（1）理解 Excel 的基本概念：工作簿、工作表、单元格（区域）、行、列、填充柄等。
（2）熟悉 Excel 窗口的组成及基本操作。
（3）在计算机某个磁盘分区（如 D:\）创建自己的文件夹，名为"学号_电子表格"。

三、实训内容及步骤

【案例 5-1】创建 Excel 工作簿，命名为"××公司员工信息表"，保存到自己的文件夹中。
要求如下：
（1）在工作簿中创建 4 个工作表，分别命名为"员工基本信息""岗位与职务""联系方式""数据统计表"。
（2）在"员工基本信息"表中输入数据，如图 5-1 所示。
操作步骤如下：
（1）新建 Excel 工作簿。启动 Excel，在开始界面上单击"空白工作簿"，创建一个名为"工作簿 1"的空白工作簿，默认情况下，该工作簿中包含一个名为 Sheet1 的工作表。

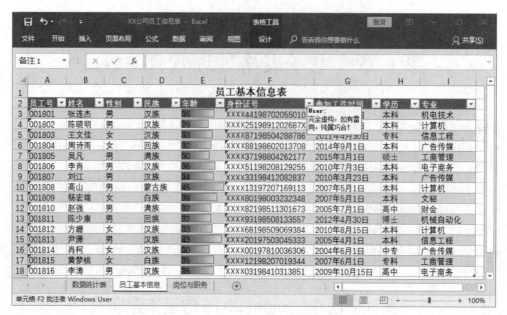

图 5-1　××公司员工信息表

（2）插入新工作表。

1）单击工作表标签右侧的"新工作表"按钮➕，在当前工作表之后添加一个新工作表 Sheet2。

2）右击 Sheet2 工作表标签，在弹出的快捷菜单中选择"插入"命令，在弹出的"插入"对话框中的"常用"选项卡下选择"工作表"图标，然后单击"确定"按钮，将在 Sheet2 之前添加一个新工作表 Sheet3。也可使用 Shift+F11 快捷键创建新工作表。

（3）重命名工作表。

1）双击 Sheet1 工作表标签，工作表名称将处于编辑状态，修改工作表名称为"员工基本信息"。

2）右击 Sheet2 工作表标签，在弹出的快捷菜单中选择"重命名"命令，修改工作表名称为"岗位与职务"。

3）单击 Sheet3 工作表标签，选择"开始"功能区"单元格"组"格式"中的"重命名工作表"命令，修改工作表名为"数据统计表"。

（4）移动和复制工作表。

1）单击"数据统计表"标签，按住鼠标左键，此时工作表标签上显示一个黑色小三角图标，指示活动工作表所处的位置，如图 5-2 所示，拖动鼠标左键，将"数据统计表"工作表移动至"员工基本信息"表之前（如果要复制工作表，可在拖动鼠标左键的同时按住 Ctrl 键）。

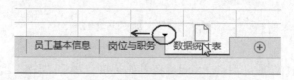

图 5-2　使用鼠标移动工作表

2）右击"员工基本信息"工作表标签，在弹出的快捷菜单中选择"移动或复制"命令，在弹出的"移动或复制工作表"对话框（图 5-3）中设置移动或复制的位置，将"员工基本信息"工作表复制到"岗位与职务"工作表之后，并修改其名称为"联系方式"。

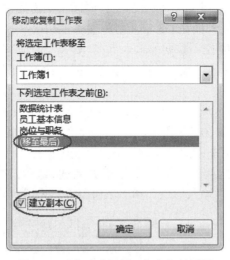

图 5-3　　"移动或复制工作表"对话框

（5）设置工作表标签颜色。右击"员工基本信息"工作表标签，在弹出的快捷菜单中选择"工作表标签颜色"命令，在弹出的颜色选择器中选择"标准色"→"红色"，将该工作表标签设置为红色。

（6）保存工作簿。选择"文件"→"保存"→"浏览"命令，在弹出的"另存为"对话框中选择工作簿保存的位置及输入文件名"××公司员工信息表"，然后单击"确定"按钮。

（7）单击"员工基本信息"工作表标签，在工作表的第 1 行 A1 单元格中输入"员工基本信息表"，在第 2 行的 A～I 列分别输入各列标题（员工号、姓名、……、专业）。

（8）A 列"员工号"和 F 列"身份证号"数据的输入。这两列数据均为由数字字符组成的文本数据，输入字符前需先输入半角单引号"'"，例如第一个员工号应输入'001801。另外，员工号列的数据是按顺序排列的，在输入第一个员工号后，可通过拖动 A3 单元格的填充柄，利用 Excel 的自动填充功能实现数据的快速填充，如图 5-4 所示。

（9）对于文本数据的输入，可使用记忆式输入功能自动完成数据输入。C 列、D 列、H 列和 I 列中重复的数据比较多，可利用 Excel 的记忆功能快速输入相同文本。如图 5-5 所示，只需在单元格中输入文本数据的前几个字母，Excel 就会根据同列已输入的内容自动完成文本内容的显示，此时只需按 Enter 键即可完成输入。如果要覆盖 Excel 提供的建议，只需要继续输入即可。

图 5-4　利用填充柄自动填充

图 5-5　利用"自动记忆功能"输入文本

对于已输入多个文本数据的情况，可以按 Alt+↓组合键来显示已输入的数据列表，如图 5-6 所示，从中选择所需数据即可完成输入。

（10）日期型数据输入。在 G 列"参加工作时间"中需要输入日期型数据，年、月、日之间用半角"-"或"/"分隔。如在 G3 单元格中输入"2012-7-1"。

（11）利用数据验证功能控制数据的输入范围。C 列"性别"字段的数据中只能输入"男"或"女"，可以通过 Excel 的数据验证功能来限定数据的输入范围，提高输入效率，防止输入错误。设置方法如下：

1）选择 C3:C18 单元格区域，选择"数据"功能区"数据工具"组的"数据验证"命令，打开"数据验证"对话框，如图 5-7 所示，在此设置"性别"列的数据验证规则。

2）在"数据验证"对话框中的"允许"下拉列表中选择"序列"选项，在"来源"文本框中输入"男,女"（数据项之间用半角逗号分隔），勾选"提供下拉箭头"复选框，单击"确定"按钮完成设置（此例中"输入信息"和"出错警告"采用默认设置即可）。

图 5-6　从下拉列表中选择数据

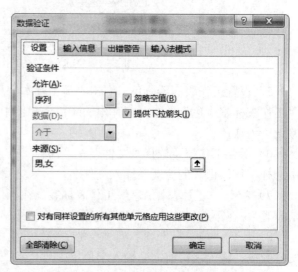

图 5-7　"数据验证"对话框

设置后的"性别"列可在提供的下拉列表中选择数据输入，如图 5-8 所示。

图 5-8　从下拉列表中选择数据

（12）为 F2 单元格插入批注。选择 F2 单元格并右击，从弹出的快捷菜单中选择"插入批注"命令，输入"完全虚构，如有雷同，纯属巧合！"。

参照图 5-1 将员工基本信息表数据输入完整。

（13）将"员工基本信息"工作表中 A2:B18 单元格区域的数据复制到"岗位与职务"工作表的 C2:D18 单元格区域。

（14）参照图 5-9 将"岗位与职务"工作表的内容补充完整，并保存工作簿。

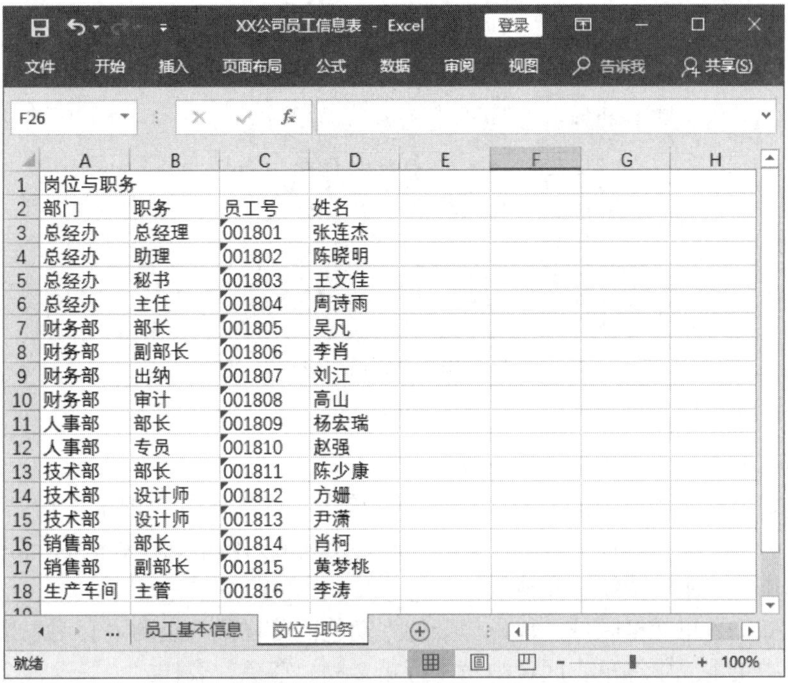

图 5-9　"岗位与职务"工作表

【案例 5-2】为"××公司员工信息表"工作簿中的"员工基本信息"和"岗位与职务"工作表设置格式。

要求如下：

（1）设置"员工基本信息"工作表标题文字为等线、14 号字，加粗，文字颜色为浅灰色，背景 2，深色 90%，在 A1:I1 范围内合并后居中。

（2）为"员工基本信息"表 A2:I18 数据区域设置套用表格格式"蓝色，表样式中等深浅 2"，设置后的效果如图 5-1 所示。

（3）在"员工基本信息"工作表中，设置 E 列"年龄"和 G 列"参加工作时间"水平左对齐，并设置 G 列为"长日期"格式。

（4）在"员工基本信息"工作表中，使用条件格式，将"年龄"列数据填充"浅蓝色渐变数据条"，将"学历"列本科以上（不包含本科）设置为"浅红填充色深红色文本"。

（5）设置"岗位与职务"工作表第 1 行行高为 28，文字为黑体，14 号字，在 A1:D1 范围内跨列居中。

（6）为"岗位与职务"工作表 A2:D18 区域设置蓝色边框，单实线内边框，双实线外边框。

（7）为"岗位与职务"工作表 A2:D2 区域设置字体：宋体、白色，加粗；填充为蓝色、浅蓝双色水平渐变。设置后的效果如图 5-10 所示。

	A	B	C	D	E
1			岗位与职务		
2	部门	职务	员工号	姓名	
3	总经办	总经理	001801	张连杰	
4	总经办	助理	001802	陈晓明	
5	总经办	秘书	001803	王文佳	
6	总经办	主任	001804	周诗雨	
7	财务部	部长	001805	吴凡	
8	财务部	副部长	001806	李肖	
9	财务部	出纳	001807	刘江	
10	财务部	审计	001808	高山	
11	人事部	部长	001809	杨宏瑞	
12	人事部	专员	001810	赵强	
13	技术部	部长	001811	陈少康	
14	技术部	设计师	001812	方姗	
15	技术部	设计师	001813	尹萧	
16	销售部	部长	001814	肖柯	
17	销售部	副部长	001815	黄梦桃	
18	生产车间	主管	001816	李涛	
19					

图 5-10　设置后的效果

操作步骤如下：

（1）"员工基本信息"工作表的设置。

1）选择 A1:I1 单元格区域，单击"开始"功能区"对齐方式"组的"合并后居中"，单击"开始"功能区"字体"组右下面的按钮，打开"设置单元格格式"对话框，如图 5-11 所示，设置字体。单击"确定"按钮，完成设置。

2）选择 A2:I18 单元格区域，单击"开始"功能区"样式"组的"套用表格格式"，在弹出的下拉列表中单击"中等色"区域中第 1 行第 2 列"蓝色，表样式中等深浅 2"。

3）选择 E3:E18 单元格区域设置水平左对齐，选择 G3:G18 单元格区域设置水平左对齐，并设置日期格式为"长日期"。

图 5-11　"设置单元格格式"对话框

4）设置条件格式。

- 选择年龄列 E3:E18 单元格区域，单击"开始"功能区"样式"组的"条件格式"，在弹出的下拉列表中选择"数据条"→"渐变填充"→"浅蓝色数据条"命令。

- 选择"学历"列 H3:H18 单元格区域，单击"开始"功能区"样式"组"条件格式"，在弹出的下拉列表中选择"突出显示单元格规则"→"等于"命令，在弹出的"等于"对话框（图 5-12）中输入"硕士"，"设置为"选择"浅红填充色深红色文本"。

图 5-12　"等于"对话框

- 用相同方法添加规则：学历为"博士"时的条件格式设置。

（2）"岗位与职务"工作表设置。

1）将"岗位与职位"表切换为当前工作表，单击第 1 行行号并右击，在弹出的快捷菜单中选择"行高"命令，设置行高为 28；选择 A1:D1 单元格区域，参照上面步骤设置标题"岗位与职位"的水平对齐方式为"跨列居中"，字体设置为黑体，字号为 14 号。

2）设置表格边框。选择 A2:A18 单元格区域，打开"设置单元格格式"对话框，在"边框"选项卡下，颜色选择"蓝色"，首先在样式中选择"单实线"，然后单击"预置"下的"内部"按钮，设置内部边框线为蓝色单实线，然后在样式中选择"双实线"并单击"预置"下的"外边框"按钮，设置外部边框，如图 5-13 所示。单击"确定"按钮，完成设置。

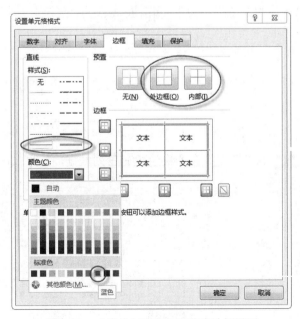

图 5-13　"岗位与职务"工作表边框设置

3）设置填充和字体。选择 A2:D2 单元格区域，打开"设置单元格格式"对话框，在"字体"选项卡下设置字体为白色、宋体、加粗。然后切换至"填充"选项卡，单击"填充效果"按钮打开"填充效果"对话框，在"渐变"选项卡下设置渐变色，在"颜色"组中选择"双色"单选项，颜色 1 设置为"深蓝"，颜色 2 设置为"浅蓝"，底纹样式设置为"水平"，如图 5-14 所示。单击"确定"按钮，完成设置。

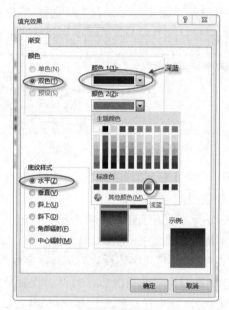

图 5-14　"岗位与职务"填充设置

4）保存工作簿，完成"××公司员工信息表"的格式设置。

【案例 5-3】在"快速填充数据练习"工作簿中快速填充各列数据。

要求如下：

（1）新建一个工作簿，命名为"快速填充数据练习"，按照图 5-15 所示输入初始数据。

	A	B	C	D	E	F	G	H	I	J	K	L	M	N
1	辽宁	图1	001		1		1	1	2018-06-01	星期一	Jan	甲		数学
2								3						
3														

图 5-15　"快速填充"练习初始数据

（2）使用"填充柄"或"填充"命令快速填充各列数据，结果如图 5-16 所示。

	A	B	C	D	E	F	G	H	I	J	K	L	M	N
1	辽宁	图1	001		1	1	1	2018-06-01	星期一	Jan	甲			数学
2	辽宁	图2	002		1	2	3	2018-06-02	星期二	Feb	乙			语文
3	辽宁	图3	003		1	3	5	2018-06-03	星期三	Mar	丙			英语
4	辽宁	图4	004		1	4	7	2018-06-04	星期四	Apr	丁			化学
5	辽宁	图5	005		1	5	9	2018-06-05	星期五	May	戊			物理
6	辽宁	图6	006		1	6	11	2018-06-06	星期六	Jun	己			数学
7	辽宁	图7	007		1	7	13	2018-06-07	星期日	Jul	庚			语文
8	辽宁	图8	008		1	8	15	2018-06-08	星期一	Aug	辛			英语
9	辽宁	图9	009		1	9	17	2018-06-09	星期二	Sep	壬			化学
10	辽宁	图10	010		1	10	19	2018-06-10	星期三	Oct	癸			物理
11														
12	文本型数据				数值型数据				系统预置自定义序列				用户自定义序列	
13														

图 5-16　快速填充数据的结果

操作步骤如下：

（1）新建 Excel 工作簿，命名为"快速填充数据练习"，并输入初始数据。

（2）利用填充柄快速填充数据。在活动单元格的粗线框的右下角有一个小方块，称为填充柄，如图 5-17 所示。当鼠标指针移到填充柄上时，鼠标指针会变为"╋"，此时按住鼠标左键不放，向上、下或向左、右拖动填充柄，即可插入一系列数据或文本，如图 5-18 所示。

图 5-17　填充柄

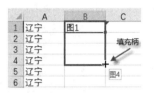

图 5-18　拖动填充柄填充数据

1）对于 A 列字符文本和 E 列数值型数据，拖动填充柄默认复制填充数据。

2）对于 B 列、C 列字符和数字或纯数字组成的文本，拖动填充柄默认序列递增填充。

3）对于 F 列数值型数据，如果需要递增填充，可在拖动填充柄的同时按住 Ctrl 键。

4）对于 G 列数据，要实现按等差序列的填充，可以同时选中 G1:G2 单元格区域后，拖动填充柄，Excel 将按 G1 与 G2 之间的差值，按等差序列填充数据 1,3,5…。

5）对于 H 列日期型数据，拖动填充柄可实现按日递增填充数据。

另外，当拖动填充柄到指定的位置时，在填充数据的右下角会显示一个图标，称为填充选项按钮，单击该按钮会展开填充选项列表，用户可从中选择所需的填充项。

（3）使用"填充"命令填充数据。

1）在单元格中输入起始数据，选择要填充的连续单元格区域，然后单击"开始"功能区"编辑"组的"填充"，在其列表中选择"向上""向下""向左"或"向右"命令来实现向指定方向的复制填充。

例如，对于 A 列数据，可以首先选择 A1:A10 单元格区域，然后单击"开始"功能区"编辑"组的"填充"，在其列表中选择"向下"命令，完成数据填充。

2）当选择"序列"命令时，可打开"序列"对话框，根据数据的类型选择特定的填充方式，实现数据的快速填充。

例如，对于 H 列数据，可以首先选择 H1:H10 单元格区域，然后单击"开始"功能区"编辑"组的"序列"，打开"序列"对话框进行设置，如图 5-19 所示，然后单击"确定"按钮，完成日期型数据按日递增填充。

图 5-19　"序列"对话框

（4）"自定义序列"填充数据。

1）对于 J 列、K 列和 L 列数据，当拖动填充柄时，Excel 会按照预置的序列内容进行自动填充。

自定义序列预置的内容可以通过以下操作完成，选择"文件"→"选项"命令打开"Excel 选项"对话框，选择"高级"选项，在右侧的"常规"栏中单击"编辑自定义列表"按钮，打开"自定义序列"对话框，如图 5-20 所示。在对话框左侧栏中显示的序列为已定义的序列。

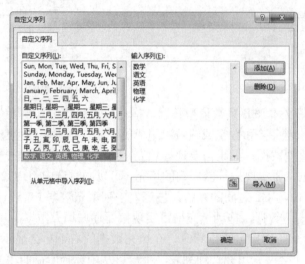

图 5-20　"自定义序列"对话框

2）对于 N 列数据，如果需要经常输入系统提供的预置序列中没有的数据序列，则可以向"自定义序列"中添加新序列。

添加新序列的方法如下：在图 5-20 所示的"自定义序列"对话框右侧的"输入序列"编辑框中依次输入数据项，然后单击"添加"按钮，即可完成用户自定义序列的添加。

此时，拖动 N1 单元格的填充柄至 N10，即可按用户定义的序列自动填充数据。

3）保存工作簿，完成实训内容。

四、实训练习

新建一个工作表，以"EXCEL 练习一"命名，完成下列操作：

（1）在工作表 Sheet1 中，完成如下练习。

- 在 A2 单元格中输入数值 0.00012583，变更它的格式为科学计数法，要求小数位数为 2 位。
- 在 B2 单元格中输入数值 2000，变更它的格式为人民币，用千位分隔符分隔，小数位数为 0 位。
- 在 C2 单元格中输入数值 0.25，变更它的格式为 25%。
- 在 D2 单元格中输入日期 2017/11，变更它的格式为 2017 年 11 月。
- 在 E2 单元格中输入时间 2:30 PM，变更它的格式为 14:30。
- 在 F2 单元格中输入数值 2000，变更它的类型为文本。
- 在 G2 单元格中输入你的生日，查一查它是星期几。

- 在 A3 单元格中输入数值 2，把它以递增 2 倍的等比序列向右填充，直至填充到 2048 为止。
- 将工作表重命名“数据格式练习”，并设置工作表标签为绿色。

（2）插入一个新工作表，重命名为“课程表”，制作图 5-21 所示的课程表。

	A	B	C	D	E	F
1	课程表					
2	星期 科目	星期一	星期二	星期三	星期四	星期五
3	第1节	数学	语文	英语	英语	数学
4	第2节					
5	第3节	语文	数学	数学	语文	语文
6	第4节					
7	第5节	英语	英语	语文	化学	英语
8	第6节					
9	第7节	物理	自习		自习	物理
10	第8节					

图 5-21　课程表

操作提示：

- 利用快速填充方法输入行标题（第 2 行）、列标题（A 列）。
- 思考如何在多个单元格中输入相同数据。
- 边框和填充方式可以自行设置。

实训项目 2　公式与函数

一、实训目的

（1）熟练掌握使用 Excel 公式进行计算的方法。
（2）熟练掌握 Excel 常用函数的使用方法。
（3）熟练掌握 Excel 单元格及单元格区域的地址引用（相对地址引用和绝对地址引用）。

二、实训准备

（1）理解 Excel 的基本概念：工作簿、工作表、单元格（区域）、行、列、填充柄等。
（2）熟悉 Excel 窗口的组成及基本操作。
（3）在计算机某个磁盘分区（如 D:\）创建自己的文件夹，名为“学号_电子表格”。

三、实训内容及步骤

【案例 5-4】插入公式和地址引用。

创建 Excel 工作簿，命名为“公式和函数练习”，将文件保存到自己的文件夹中。将工作表 Sheet1 重命名为“地址引用”，输入图 5-22 所示的原始数据。

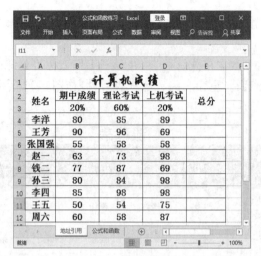

图 5-22 原始数据

要求如下：

用公式计算表中"总分"列，计算方法是期中成绩、理论考试成绩和上机考试成绩分别占总成绩的 20%、60% 和 20%，即公式为"总分=期中成绩*20%+理论考试成绩*60%+上机考试成绩*20%"。

操作步骤如下：

（1）将插入点放置于 E4 单元格，输入等号（=）以开始公式输入。

（2）单击 B4 单元格，此时单元格 B4 周围显示虚线框，而且单元格引用将出现在 E4 单元格和编辑栏中。

（3）输入乘号（*），再单击 B3 单元格，虚线边框将包围 B3 单元格，将单元格地址添加到公式中，按下 F4 键将单元格引用 B3 切换成绝对引用$B$3，此时编辑栏中的公式显示为 =B4*$B$3。

（4）采用相同方法，将公式输入完整"=B4*$B$3+C4*$C$3+D4*$D$3"，按 Enter 键结束公式输入；也可直接在单元格 E4 或编辑栏中手动输入公式。

（5）复制公式：选中单元格 E4，拖动填充柄至 E12 单元格，完成"总分"列的计算，结果如图 5-23 所示。

姓名	期中成绩 20%	理论考试 60%	上机考试 20%	总分
李洋	80	85	89	85
王芳	90	96	69	89
张国强	55	58	58	57
赵一	63	73	98	76
钱二	77	87	69	81
孙三	80	84	98	86
李四	85	98	98	95
王五	50	54	75	57
周六	60	58	87	64

图 5-23 总分列的计算结果

操作说明：公式中 B4、C4、D4 的地址是相对地址引用，当复制公式时，其地址会根据公式复制的位置进行调整；而 B3、C3 和 D3 的地址是绝对地址引用，当复制公式时，其地址保持不变。

【案例 5-5】函数的使用。

插入新工作表，命名为“公式和函数”，输入图 5-24 所示的原始数据。

	A	B	C	D	E	F	G	H	I	J	K
1	学生成绩表									班级人数:	
2	学号	姓名	英语	高数	计算机	制图	总分	平均分	名次	不及格科目	考核
3	12301	李洋	78	85	85	70					
4	12302	王芳	69	96	89	80					
5	12303	张国强	89	58	57	76					
6	12304	赵一	96	73	76	89					
7	12305	钱二	65	87	81	75					
8	12306	孙三	85	84	86	95					
9	12307	李四	96	98	95	60					
10	12308	王五	98	54	57	84					
11	12309	周六	100	58	64	65					
12	最高分										
13	最低分										
14	平均分										
15	及格人数										
16	及格率										

地址引用　公式和函数

图 5-24　原始数据

要求如下：

（1）使用函数 SUM()、AVERAGE()、MAX()、MIN()和 COUNT()分别计算学生成绩表中的总分、平均分（以整数形式显示）、最高分、最低分和班级人数。

（2）使用函数 RANK()，计算“名次”列（提示：根据四门课的“总分”进行从高到低降序排列）。

（3）使用函数 COUNTIF()计算学生的“不及格科目”和各科的“不及格人数”。

（4）使用函数 IF()填写考核结果（考核方法为，判断学生是否有不及格科目，如果没有则填写“合格”，否则填写“不合格”）。

（5）用公式计算各门课程的及格率，以百分比格式显示结果。

操作步骤如下：

（1）选择 C3:G11 单元格区域，单击“开始”功能区“编辑”组中的 Σ 按钮；用相同方法，选择 C3:F12 单元格区域，选择“公式”功能区“函数库”组的“自动求和”下拉列表中的“最大值”命令。

（2）将插入点置于 H3 单元格，单击“开始”功能区“编辑”组的 Σ 按钮后的小三角，在弹出的下拉列表中选择“平均值”命令，修改公式为“=AVERAGE(C3:F3)”，即可得到李洋同学四门课程的平均分。

（3）选中 H3 单元格，单击“开始”功能区“数字”组中的“减少小数位数”按钮，使该单元格中的数据以整数形式显示。拖动 H3 填充柄至 H11，计算出每名学生的平均分。用类似方法计算出每门课程的最低分和平均分。

（4）选中 K1 单元格，单击功能区“开始”功能区“编辑”组的 Σ 按钮后的小三角，在弹出的下拉列表中选择"计数"命令，修改 K1 单元格中的公式为"=COUNT(C3:C11)"，计算出表中的学生人数。

（5）选中 I3 单元格，单击编辑框上的"插入函数"按钮 f_x，在打开的"插入函数"对话框中选择 RANK()函数，打开"函数参数"对话框，在 Number 文本框中输入单元格地址 G3，在 Ref 文本框中输入区域$G$3:$G$11，如图 5-25 所示。单击"确定"按钮，完成李洋的名次计算。选中 I3 单元格，拖动填充柄至 I11，计算出每名学生的名次。

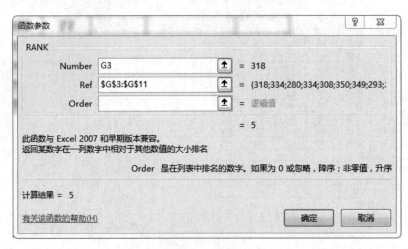

图 5-25　RANK()函数的参数设置

注意：Ref 文本框中的地址采用绝对地址，可使用 F4 键切换相对地址和绝对地址。

（6）用类似方法，在 J3 单元格中插入公式"=COUNTIF(C3:F3,"<60")"，计算出四门课程中不及格的课程数。选中 J3 单元格，拖动填充柄将公式复制到 J4:J11 单元格中。

在 C15 单元格中插入公式"=COUNTIF(C3:C11,">=60")"，计算英语课的及格人数，并将公式复制到 D15:F15 单元格中。

（7）选择 K3 单元格，单击"公式"功能区的"插入函数"按钮，在"插入函数"对话框中选择 IF()函数，打开"函数参数"对话框，按图 5-26 所示设置 IF()函数参数。单击"确定"按钮，计算出考核结果。将 K3 的公式复制到 K4:K11 单元格。

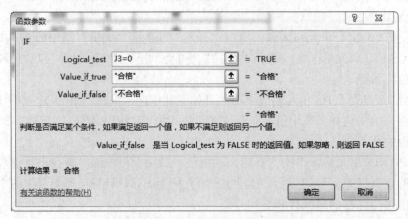

图 5-26　IF()函数的参数设置

（8）选择单元格 C16，输入公式“=C15/$K$1”，并将结果设置为百分比样式。复制公式到 D16:F16，计算出所有课程的及格率。

（9）保存工作簿。“公式和函数”工作表的完成效果如图 5-27 所示。

学生成绩表									班级人数:	9
学号	姓名	英语	高数	计算机	制图	总分	平均分	名次	不及格科目	考核
12301	李洋	78	85	85	70	318	80	5	0	合格
12302	王芳	69	96	89	80	334	84	3	0	合格
12303	张国强	89	58	57	76	280	70	9	2	不合格
12304	赵一	96	73	76	89	334	84	3	0	合格
12305	钱二	65	87	81	75	308	77	6	0	合格
12306	孙三	85	84	86	95	350	88	1	0	合格
12307	李四	96	98	95	60	349	87	2	0	合格
12308	王五	98	54	57	84	293	73	7	2	不合格
12309	周六	100	58	64	65	287	72	8	1	不合格
最高分		100	98	95	95					
最低分		65	54	57	60					
平均分		86	77	77	77					
及格人数		9	6	7	9					
及格率		100%	67%	78%	100%					

地址引用　公式和函数

图 5-27　“公式和函数”工作表的完成效果

四、实训练习

新建一个工作簿，以“EXCEL 练习二”命名，完成下列操作：

（1）将工作簿中的工作表重命名为“10 月份工资表”，参照图 5-28 输入原始数据。

某单位10月份工资表									
姓名	部门	基本工资	住房补贴	奖金	任务工资	应发工资	保险扣款	其他扣款	实发工资
刘松	销售	1500	500	250	6480			40	
康华	销售	1300	500	200	6210			60	
贺青	财务	1400	500	150	4860			30	
潘浩	财务	1400	500	250	4980			60	
吴非	编辑	1200	500	200	3450			30	
张萌	编辑	1200	500	200	3560			60	
邓琳	编辑	800	500	200	3210			60	
王浩飞	编辑	1600	500	200	3890			80	
李超	发货	2000	500	500	3500			60	
贾亮	发货	1800	500	400	3145			60	
谭靖	发货	1800	500	500	4759			50	
魏鹏	发货	1800	500	500	5233			20	
陈平	销售	1200	500	200	5840			60	
平均值									
最高值									
最低值									

总人数		所占比率
实发工资不足5000的人数:		
实发工资大于8000的人数:		

10月份工资表

图 5-28　“EXCEL 练习二”工作簿

（2）分别使用 SUM()、AVERAGE()、MAX()、MIN()函数计算应发工资、平均值、最高值、最低值。

（3）使用 IF()函数求保险扣款，保险扣款的计算方法如下：部门为"编辑"的为应发工资*0.02；其余部门为应发工资*0.015。

（4）计算实发工资，结果保留 2 位小数（实发工资=应发工资-保险扣款-其他扣款）。

（5）使用 COUNT()函数计算总人数，使用 COUNTIF()函数分别统计实发工资小于 5000 和大于 8000 的人数，并计算所占比率。

（6）对表格进行相应的格式设置，效果如图 5-28 所示（相似即可）。

（7）将表格 A 列到 I 列的列宽设置为"自动调整列宽"，J 列宽度为 15，并为 J3:J15 单元格数据加¥符号，结果均保留两位小数。

（8）在工作表中用条件格式将实发工资为 7000～8000 的数据用红色加粗方式进行显示。

实训项目 3　数据管理与图表

一、实训目的

（1）熟练掌握工作表的排序、筛选和分类汇总操作方法。
（2）熟练掌握根据数据表制作各种图表的方法。

二、实训准备

在计算机某个磁盘分区（如 D:\）创建自己的文件夹，命名为"学号_电子表格"

三、实训内容及步骤

【案例 5-6】数据排序。

创建 Excel 工作簿，命名为"学生成绩统计表"，保存到自己的文件夹中。按图 5-29 所示输入原始数据，并将工作表命名为"初始数据"。

学号	班级	姓名	语文	数学	英语	物理	化学	平均分	不及格科目
160101	1班	梁海平	80	84	85	92	91	86	0
160202	2班	欧海军	75	75	79	55	90	75	1
160201	2班	邓远彬	69	95	62	88	86	80	0
160304	3班	张晓丽	49	84	89	83	87	78	1
160105	1班	刘富彭	56	82	75	98	93	81	1
160302	3班	刘章辉	77	95	69	90	89	84	0
160203	2班	邹文晴	84	78	90	83	83	84	0
160108	1班	黄仕玲	61	83	81	92	64	76	0
160104	1班	刘金华	80	76	73	100	84	83	0
160310	3班	叶建琴	53	81	75	87	88	77	1
160301	3班	邓云华	96	49	66	91	92	79	1
160212	2班	李迅宇	48	90	79	58	53	66	3

图 5-29　"学生成绩统计表"工作簿

要求如下：

（1）在工作簿中插入两个新工作表，分别命名为"排序 1""排序 2"，并将工作表"初始数据"的内容复制到"排序 1"和"排序 2"中。

（2）在工作表"排序 1"中，将学生成绩数据按"平均分"降序排列。

（3）在工作表"排序 2"中，将学生成绩数据按"班级"升序排列，同班级的学生按"学号"升序排序。

操作步骤如下：

（1）新建工作表并复制初始数据。

（2）在工作表"排序 1"中，将插入点放置于"平均分"（I2～I14）列的任意单元格中，右击，在弹出的快捷菜单中选择"排序"→"降序"命令，即可实现学生成绩按"平均分"降序排列。

（3）在工作表"排序 2"中，将插入点放置于数据表的任意单元格中，单击"开始"功能区"编辑"组的"排序和筛选"，在下拉列表中选择"自定义排序"命令，弹出"排序"对话框，如图 5-30 所示，在"主要关键字"下拉列表框中选择"班级"选项，在"次序"下拉列表框中选择"升序"选项；单击"添加条件"按钮，然后在"次要关键字"下拉列表框中选择"学号"选项，在"次序"下拉列表框中选择"升序"选项；单击"确定"按钮，完成按多字段排序。

图 5-30　"排序"对话框

【案例 5-7】数据筛选。

要求如下：

（1）在工作簿中插入 4 个新工作表，分别命名为"筛选 1""筛选 2""筛选 3""筛选 4"，并将工作表"初始数据"的内容复制到 4 个新工作表中。

（2）在工作表"筛选 1"中筛选出平均分介于 70 分到 80 分之间的（不包括 70 分和 80 分）学生。

（3）在工作表"筛选 2"中筛选出所有姓"刘"的学生。

（4）在工作表"筛选 3"中筛选出所有平均分大于或等于 80 分且不及格科目为 0 的学生。

（5）在工作表"筛选 4"中筛选出平均分最低的 4 个学生。

操作步骤如下：

（1）在"筛选 1"工作表中，将插入点定位在放置数据表的任意单元格中，单击"开始"功能区"编辑"组的"排序和筛选"，在下拉列表中选择"筛选"命令。在表头的各列标题右侧添加筛选按钮，单击"平均分"列的筛选按钮，在下拉列表中选择"数字筛选"→"介于"

命令，在弹出的"自定义自动筛选方式"对话框（图 5-31）中进行设置，单击"确定"按钮完成筛选。

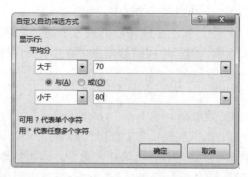

图 5-31 "自定义自动筛选方式"对话框

（2）在"筛选 2"工作表中，用上面的方法为表格添加筛选按钮，单击"姓名"列的筛选按钮，在下拉列表中选择"文本筛选"→"开头是"命令，在弹出的对话框中输入"刘"，单击"确定"按钮完成筛选。

（3）在"筛选 3"工作表中添加筛选按钮，采用与第（1）步相似的方法，分别设置"平均分"列和"不及格科目"列的筛选条件。

（4）在"筛选 4"工作表中添加筛选按钮，单击"平均分"列的筛选按钮，在下拉列表中选择"数字筛选"→"前 10 项"命令，在弹出的对话框中设置筛选条件，如图 5-32 所示，单击"确定"按钮完成设置。

图 5-32 设置筛选条件

【案例 5-8】分类汇总。

要求如下：

（1）在工作簿中插入一个新工作表，命名为"分类汇总"，并将工作表"初始数据"的内容复制到新工作表中。

（2）对"学生成绩统计表"中的数据进行分类汇总；按"班级"分别求出各班学生的"数学""物理""化学"三科的平均分，将结果显示在数据的下方。

操作步骤如下：

（1）在"分类汇总"工作表中，首先按分类字段排序数据。将插入点定位在"班级"列的任意单元格中，单击"数据"功能区"排序和筛选"组的"升序"按钮。

操作提示：进行分类汇总前，必须对分类列进行排序，否则分类汇总的结果不正确。

（2）将插入点定位于数据表中，单击"数据"功能区"分级显示"组的"分类汇总"按钮，打开"分类汇总"对话框，如图 5-33 所示，设置分类汇总项。单击"确定"按钮，完成分类汇总操作。

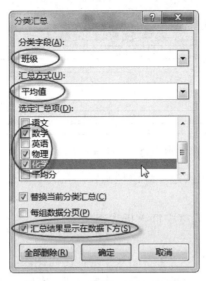

图 5-33 "分类汇总"对话框

（3）分类汇总的结果如图 5-34 所示。单击左侧层次按钮，可展开或折叠各分类项数据。

	学号	班级	姓名	语文	数学	英语	物理	化学	平均分	不及格科目
					学生成绩统计表					
3	160104	1班	刘金华	80	76	73	100	84	83	0
4	160105	1班	刘寓彭	56	82	75	98	93	81	1
5	160101	1班	梁海平	80	84	85	92	91	86	0
6	160108	1班	黄仕玲	61	83	81	92	64	76	0
7		1班 平均值			81.25		95.5	83		
8	160201	2班	邓远彬	69	95	62	88	86	80	0
9	160203	2班	邹文晴	84	78	90	83	83	84	0
10	160212	2班	李迅宇	48	90	79	58	53	66	3
11	160202	2班	欧海军	75	75	79	55	90	75	1
12		2班 平均值			84.5		71	78		
13	160301	3班	邓云华	96	49	66	91	92	79	1
14	160302	3班	刘章辉	77	95	69	90	89	84	0
15	160310	3班	叶建琴	53	81	75	87	88	77	1
16	160304	3班	张晓丽	49	84	89	83	87	78	1
17		3班 平均值			77.25		87.75	89		
18		总计平均值			81		84.75	83.333333		

图 5-34 分类汇总的结果

（4）若要取消分类汇总，可单击"分类汇总"对话框中的"全部删除"按钮。

【案例 5-9】图表的制作。

已知某高校学生人数表如图 5-35 所示，根据学生人数完成图表制作。

要求如下：

（1）根据各学院各年级学生人数制作簇状柱形图，显示各学院各年级人数情况。

（2）根据文法学院的人数创建一个簇状条形图并存放在新工作表中，将工作表命名为"文法学院学生人数图"，并在数据系列外显示各年级具体的学生人数。

	A	B	C	D	E	F
1	某高校学生人数表					
2		信息学院	机械学院	文法学院	传媒学院	经济学院
3	一年级	967	874	468	674	547
4	二年级	586	850	354	552	688
5	三年级	857	854	354	454	341
6	四年级	426	654	348	321	456
7	总计	2836	3232	1524	2001	2032
8						

图 5-35   某高校学生人数表

（3）根据各学院的总人数创建三维饼型图表，在饼型图上显示各学院学生的人数占学校总人数的比例。

（4）在 G 列的 G3:G6 单元格中插入折线迷你图，显示各年级人员分布情况。

操作步骤如下：

（1）选择单元格区域 A2:F6，从"插入"功能区"图表"组中选择图表类型"簇状柱形图"，即可在工作表中插入图表。选中图表，将插入点定位于"图表标题"文本中，修改图表标题为"各学院人数情况图"，如图 5-36 所示。

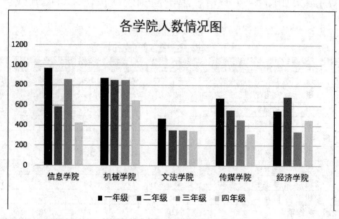

图 5-36   簇状柱形图

（2）选择单元格区域 A2:A6 和 D2:D6，从"插入"功能区"图表"组中选择"簇状条形图"，选择图表，单击"图表工具"功能区"设计"组的"移动图表"按钮，弹出"移动图表"对话框，如图 5-37 所示，选择"新工作表"单选项并输入工作表名为"文法学院学生人数图"。单击"确定"按钮，完成工作表图表的创建。

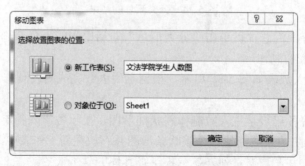

图 5-37   "移动图表"对话框

（3）选中工作表图表，在图表右侧单击"图表元素"按钮，勾选"数据标签"和"数据标签外"复选框（在系列上显示学生人数）；勾选"数据表"和"显示图例项标示"复选框（在图表工作表中显示文法学院的数据表），如图 5-38 所示。

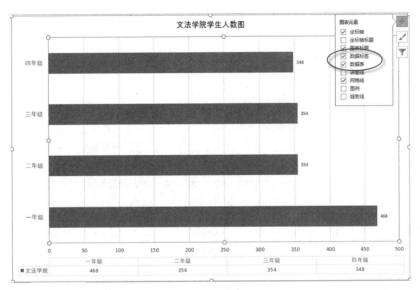

图 5-38　簇状条形图表工作表

（4）选择单元格区域 B2:F2 和 B7:F7，从"插入"功能区"图表"组中选择"三维饼图"，完成饼图的插入。

（5）选中饼图图表，单击"图表工具"功能区"设计"组的"添加图表元素"按钮，在弹出的下拉列表中选择"图例"→"顶部"项（将图例放置于图表标题下）；然后选择"数据标签"→"其他数据标签选项"命令，在打开的右侧窗格中设置标签选项，如图 5-39 所示。关闭右侧窗格，完成饼图的设置。

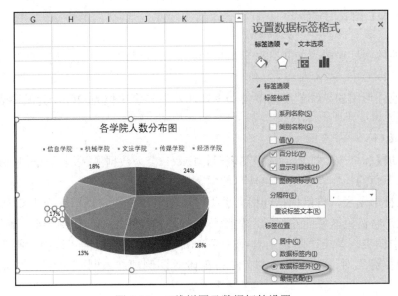

图 5-39　三维饼图及数据标签设置

（6）在 G2 单元格中输入文本"人数分布图"；选择单元格区域 B3:F6，单击"插入"功能区"迷你图"组的"折线"按钮，弹出"创建迷你图"对话框，如图 5-40 所示，设置迷你图放置位置。单击"确定"按钮，完成迷你图插入。

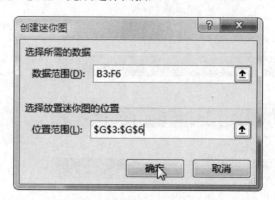

图 5-40　"创建迷你图"对话框

（7）选择迷你图区域，勾选"迷你图工具-设计"功能区"显示"组中的"显示"复选框，为迷你图添加标记。插入的迷你图效果如图 5-41 所示。

	A	B	C	D	E	F	G
1		某高校学生人数表					
2		信息学院	机械学院	文法学院	传媒学院	经济学院	人数分布图
3	一年级	967	874	468	674	547	
4	二年级	586	850	354	552	688	
5	三年级	857	854	354	454	341	
6	四年级	426	654	348	321	456	
7	总计	2836	3232	1524	2001	2032	

图 5-41　插入的迷你图效果

【案例 5-10】图表的编辑。

要求如下：

（1）修改簇状柱形图，使其只显示信息学院、机械学院、文法学院一年级和四年级的学生人数情况。

（2）修改柱形图的纵轴刻度范围为 0～1000，主刻度单位为 200，为其图表区设置纹理填充"羊皮纸"。

操作步骤如下：

（1）拖动鼠标修改数据。当选择图表时，Excel 会为数据源区域添加轮廓线，可以拖动区域轮廓线右下角的控制点来增大和减小数据区域。

选择簇状柱形图表，将鼠标指针指向数据区域的蓝色框线，当指针变为双向箭头形状时，拖动鼠标左键，将蓝色区域向左移动，删除传媒学院和经济学院，如图 5-42 所示。

（2）选中图表，单击"图表工具-设计"功能区"数据"组的"选择数据"按钮，在弹出的"选择数据源"对话框（图 5-43）中，删除"图例项（系例）"中的二年级和三年级两个系列。

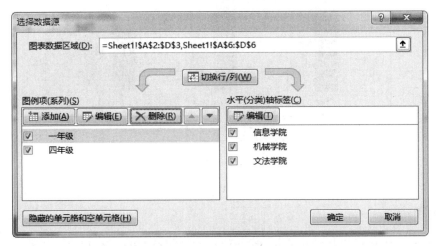

某高校学生人数表				
	信息学院	机械学院	文法学院	传媒学院	经济学院
一年级	967	874	468	674	547
二年级	586	850	354	552	688
三年级	857	854	354	454	341
四年级	426	654	348	321	456
总计	2836	3232	1524	2001	2032

图 5-42　鼠标拖动数据区域轮廓线减少数据项

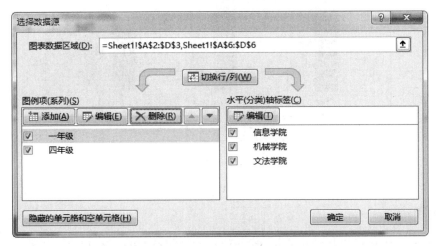

图 5-43　"选择数据源"对话框

（3）选中柱形图表的纵坐标轴，单击"图表工具-设计"功能区"图表布局"组的"添加图表元素"按钮，在下拉列表中选择"坐标轴"→"更多轴选项"命令，打开右侧"设置坐标轴格式"任务窗格，在"坐标轴选项"下拉列表中选择"垂直（值）轴"选项，设置边界最小值为 0，最大值为 1000，"单位"栏中的"大"项（主刻度）为 200，如图 5-44 所示，关闭右侧窗格完成设置。

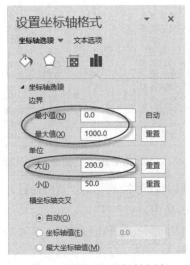

图 5-44　修改纵坐标轴刻度

（4）选中柱形图的"图表区"，单击"图表工具-格式"功能区"形状样式"组的"形状填充"按钮，在其下拉列表中选择"纹理"→"羊皮纸"命令。修改后的簇状柱形图如图 5-45 所示。

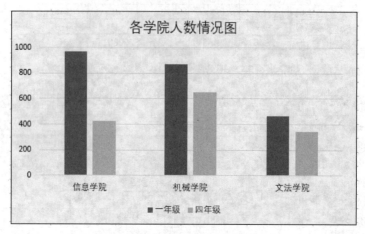

图 5-45　修改后的簇状柱形图

（5）保存工作簿。

四、实训练习

（1）新建一个工作表，命名为"EXCEL 练习三"，参照图 5-46 所示输入原始数据，完成下列操作。

	A	B	C	D	E	F
1						
2	经销部门	图书类别	季度	数量（册）	销售额（元	备注
3	第1分部	社科类	1	569	28450	
4	第1分部	计算机类	1	345	24150	
5	第1分部	少儿类	1	765	22950	
6	第2分部	计算机类	1	206	14420	
7	第2分部	社科类	1	178	8900	
8	第2分部	社科类	1	167	8350	
9	第3分部	计算机类	1	212	14840	
10	第3分部	少儿类	1	306	9180	
11	第1分部	少儿类	2	654	19620	
12	第2分部	计算机类	2	256	17920	
13	第2分部	少儿类	2	312	9360	
14	第3分部	计算机类	2	345	24150	
15	第3分部	少儿类	2	321	9630	
16	第2分部	计算机类	3	234	16380	
17	第2分部	社科类	3	218	10900	
18	第3分部	计算机类	3	378	26460	

图 5-46　"EXCEL 练习三.xlsx"的原始数据

1）在 Sheet1 工作表的 A1 单元格中输入标题"图书销售情况表"，并将标题设置为等线、18 号字，在 A1:F1 范围内合并后居中。

2）在 A19 单元格中输入"最小值"，在 D19 和 E19 单元格中利用函数计算"数量"和"销售额"的最小值；在 F 列前面插入一列，在 F2 单元格中输入"平均单价（元）"，在 F3:F18 单元格中用公式计算平均单价（=销售额/数量），并设置为货币格式（￥）。

3）将第 2～19 行的行高设置为 22，并设置 E 列和 F 列为自动调整列宽。

4）在工作表的 G 列用 IF()函数进行填充，要求当销售额大于 18000 元时，备注内容为"良好"；销售额为其他值时，备注内容为"一般"。

5）为 A2:G19 数据区域添加最细实线样式内外边框。

6）复制工作表 Sheet1 的内容生成 Sheet1(2)，并将 Sheet1(2)工作表重命名为"分类汇总"。

7）在工作表 Sheet1 中筛选出备注内容为"良好"的记录。

8）在工作表"分类汇总"中，对表数据按经销部门进行升序排序，不包含最小值行。

9）按照"经销部门"对"数量"和"销售额"进行分类汇总求和，汇总结果显示在数据下方。

10）根据经销部门的销售额汇总数据生成一张三维簇状柱形图，图表标题为"各部门图书销售比较"，如图 5-47 所示。

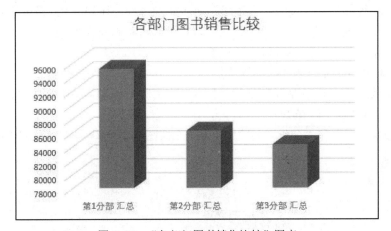

图 5-47　"各部门图书销售比较"图表

（2）新建工作簿"EXCEL 练习四.xlsx"，数据如图 5-48 所示。

	A	B	C	D	E	F	G
1							
2	教材编号	教材名称	课程类别	教材单价	学生人数	金额	备注
3	03006	图形图象处理技术	专业课	36.5	43		
4	02004	数据库原理	专业基础课	34.5	126		
5	03004	数据库开发实务	专业课	21.3	46		
6	02007	数据结构	专业基础课	35.8	58		
7	01009	实用英语	公共基础课	16.7	275		
8	03005	软件工程	专业课	32.8	35		
9	01012	日语	公共基础课	14.5	220		
10	01005	计算机应用基础	公共基础课	28.6	345		
11	01001	高等数学	公共基础课	18.8	210		
12	02003	操作系统	专业基础课	28.7	157		
13	02002	VB程序设计语言	专业基础课	30.8	235		
14	03003	ERP原理与应用	专业课	38.4	45		
15		合计					
16							
17							

图 5-48　"EXCEL 练习四.xlsx"的原始数据

操作要求如下：

1）在 Sheet1 工作表的 A1 单元格中输入标题"教材统计表"，并将其设置为等线、18 号字，在 A1:G1 范围内跨列居中。

2）在教材各称为"高等数学"那一行后插入一行记录，名列内容分别为 01002、大学语文、公共基础课、25.8、257。

3）在 F3:F15 区域中利用公式计算教材的金额（金额＝教材单价×学生人数），结果为数值型，保留 2 位小数。

4）复制 Sheet1 工作表中的内容到 Sheet3 工作表中，自 A1 单元格开始存放内容，并将其重命名为"教材统计"，将其第 2～15 行的行高设为 20，并使表格中的数据的水平和垂直对齐方式均设置为居中。

5）在"教材统计"工作表中，按照主要关键字"课程类别"的降序和次要关键字"教材编号"的升序进行排序，并将课程类别为"专业基础课"所在行的数据区域设置为浅绿色填充。

6）在"教材统计"工作表中，用函数分别求出"学生人数"和"金额"之和，并填入"合计"所在行的相对应单元格中，设置它们的格式（对齐方式和小数位数）与各自列相同。

7）在"教材统计"工作表中的"备注"列前插入一列，在 G2 单元格中输入"比例"，在 G7:G10 区域使用公式计算出"专业基础课"教材金额占教材总金额的比例（注意使用绝对地址计算），数据格式为百分比，保留 1 位小数。

8）在"教材统计"工作表中，当课程类别为"专业课"时，在"备注"列（H3:H15 区域）对应行用 IF() 函数输入"精品课"，若课程类别为"其他"，则不填内容，并对"备注"列（H3:H15 区域）应用单元格样式"注释"。

9）用"教材名称"和"金额"列数据建立一个饼图，要求图例在右侧。金额饼图完成效果如图 5-49 所示。

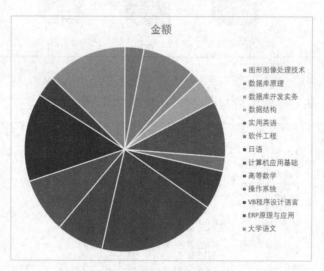

图 5-49　金额饼图完成效果

10）打印设置：纸张大小为 A4，横向打印。

五、Excel 综合作业

要求如下：

（1）任意选择一个数据问题，创建 1 张数据表，如学生成绩表、职工工资表、图书信息表、商品销售情况表、体育赛事表等。

（2）创建 1 个工作簿，将文件命名为"学号_姓名_班级.xlsx"。

（3）工作簿中包括 5 张工作表。

- 第 1 张工作表，表名为"格式化"，包括至少 20 行原始数据、相关的公式或函数计算、数据格式设置，并设置表格格式（如标题、字体、对齐方式、边框和填充、条件格式设置，批注等）。

- 第 2 张工作表，表名为"排序"，复制原始数据至工作表，对数据按某关键字进行排序（工作表中需简要说明操作要求）。

- 第 3 张工作表，表名为"筛选"，复制原始数据到工作表，对数据按某条件进行自动筛选操作（工作表中需简要说明操作要求）；

- 第 4 张工作表，表名为"分类汇总"，复制原始数据到工作表，对数据进行分类汇总操作（工作表中需简要说明操作要求）。

- 第 5 张工作表，表名为"图表"，复制原始数据到工作表，设计 1 张能够反映实际问题的图表。

六、实训思考

（1）如何输入全部由数字字符组成的文本数据（如编号、学号、身份证号等）？

（2）如何给单元格添加或删除批注？

（3）如何快速输入系统的当前日期和当前时间？

（4）如何通过数据验证来限定单元格数据的输入范围？

（5）如何添加自定义序列？

（6）在 Excel 环境下，功能键 F4、Ctrl、Alt+Enter 和 Ctrl+Enter 的作用分别是什么？

第 6 章　实用软件

本章实训的基本要求:
- 了解几款常见的实用软件的基础知识。
- 掌握两款实用软件的使用方法。

实训项目 1　XMind 思维导图

思维导图(The Mind Map)又称心智导图,是表达发散性思维的有效图形思维工具,它简单又有效。思维导图充分运用左右脑的机能,利用记忆、阅读、思维的规律,协助人们在科学与艺术、逻辑与想象之间平衡发展,从而开启人类大脑的无限潜能。

思维导图用一个中心关键词发散并引发相关想法,再运用图文并重的技巧把各级主题的关系用相互隶属与相关的层级表现出来,把主题关键词与图像、颜色等建立记忆链接,最终将想法用一张放射性的图有重点、有逻辑地表现出来。

思维导图可以应用在学习、生活、工作的任何领域:
- 制订计划:应用于计划的制订,包括工作计划、学习计划、旅游计划,计划可以按照时间或项目划分,将繁杂的日程整理清晰。
- 项目管理:组织人员管理、任务拆解/分配、需求梳理。
- 做笔记:传统的笔记记录大篇的文字,包含众多无用的修饰词,不易找出重要知识点,使用思维导图可将大篇幅内容进行拆分,找到从属关系,缩减文字量,便于理解与记忆。
- 演示和做报告:思维导图因表述方式简洁而可以更快速清晰地传达演讲者的思路,使接收者更容易理解演讲者要传递的内容。
- 辅助记忆:提炼记忆要点、搭建知识体系、英语知识点整理等。
- 灵感/创意:创意思考、头脑风暴、写作框架、研发计划等其他应用。

思维导图工具软件有很多,包括XMind、MindManager、MindMaster、亿图图示Edraw、FreeMind、百度脑图、讯捷思维导图、幕布等。下面我们以 XMind 软件为例,介绍创建和编辑思维导图的方法。

XMind 是一款易用性很强的软件,它能够跨平台支持 Windows、Linux 和 iOS 系统。通过XMind 可以随时开展头脑风暴,帮助人们快速理清思路。XMind 绘制的思维导图、鱼骨图、二维图、树形图、逻辑图、组织结构图等以结构化的方式来展示具体内容,人们在用 XMind 绘制图形时,可以时刻保持头脑清晰,随时把握计划或任务的全局。绘制出的图形可帮助人们提高学习和工作效率。

一、实训目的

（1）掌握 XMind 2010 软件中的基本概念。

（2）掌握利用 XMind 2010 软件绘制和编辑思维导图的基本方法。

二、实训准备

（1）从 XMind 官方网站（https://www.xmind.cn/）下载 XMind 软件最新版本并进行安装。

（2）熟悉 XMind 软件的操作界面布局。

三、实训内容及步骤

【案例 6-1】利用 XMind 软件绘制图 6-1 所示的思维导图，以描述思维导图的相关定义和知识。

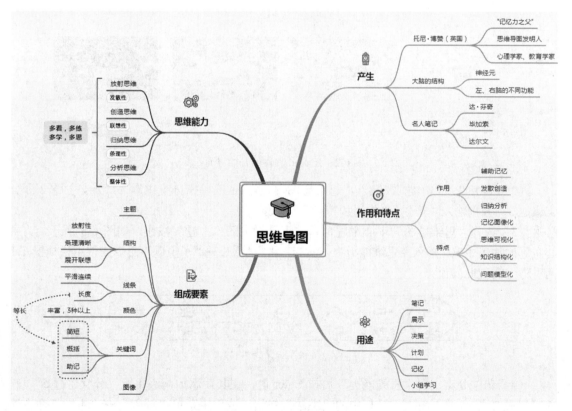

图 6-1　思维导图

操作要求如下：

（1）按照图 6-1 所示的大纲结构创建思维导图。

（2）对上述思维导图进行美化，设置中心主题边框样式和颜色，创建线条颜色等。

（3）插入图标或帖图，导出 PNG 图片。

实训过程与内容如下：

（1）双击桌面 XMind 快捷图标启动 XMind 软件（或从开始菜单中启动）。打开 XMind

软件的开始界面，如图 6-2 所示。选择一个合适的模板，此例选择"经典 II"，单击"创建"按钮，进入 XMind 编辑窗口。

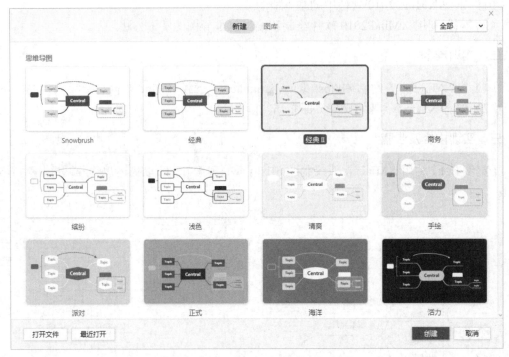

图 6-2　XMind 软件的开始界面

（2）单击"中心主题"，输入"思维导图"；然后依次单击分支主题 1、分支主题 2 和分支主题 3，分别输入"产生""作用和特点""用途"。

（3）选择"思维导图"中心主题，单击工具栏中的"主题"按钮，如图 6-3 所示，为中心主题添加子主题，输入"思维能力"（也可使用"插入"→"子主题"命令或使用快捷键 Tab 两种方法实现此操作）。

图 6-3　单击"主题"按钮

（4）选中分支主题"思维能力"后按 Enter 键，在其后添加同级主题"分支主题 5"，输入"组成要素"（可以单击工具栏中的"主题"按钮，或使用菜单"插入"→"主题"命令添加同级主题），编辑后的思维导图如图 6-4 所示。

（5）选中主题"产生"，按 Tab 键，再按两次 Enter 键，添加 3 个子主题。再采用相同方法依次添加下一级子主题，并输入相应内容，如图 6-5 所示。

（6）单击菜单栏下方的"大纲"按钮，将窗口切换至大纲视图。也可在大纲视图下输入文本内容，并通过 Tab 键使文本内容下降一级或通过 Shift+Tab 组合键将内容提升一级。单击"产生"主题前的黑色小三角图标▼可折叠主题内容，在大纲主题下输入"作用和特点"主题的内容并调整大纲级别，如图 6-6 所示。

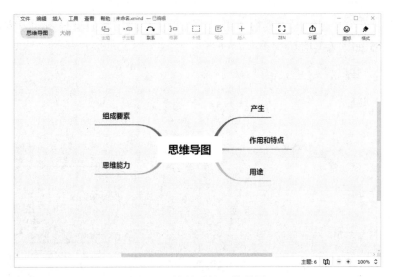

图 6-4 编辑后的思维导图

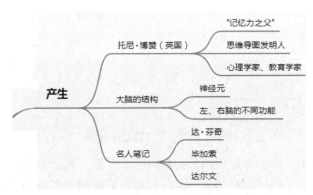

图 6-5 为"产生"分支主题添加子主题

图 6-6 编辑"作用和特点"分支主题

（7）切换回思维导图视图，观察效果。参照以上步骤，将思维导图的内容填写完整。填写完整的思维导图如图 6-7 所示。

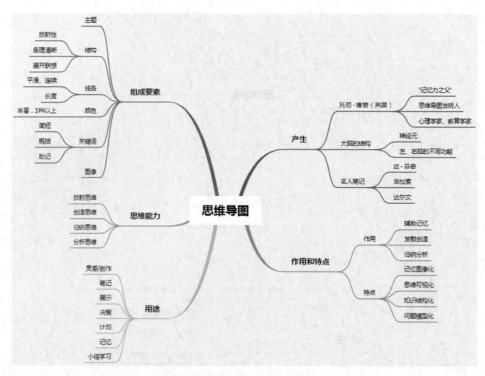

图 6-7　填写完整的思维导图

（8）调整主题位置。单击主题后的⊖图标，可以折叠主题分支内容；单击带数字图标⊘，可展开主题分支。选中"组成要素"主题，按住鼠标左键并向下拖动，调换"组成要素"和"思维能力"两个主题的位置。同理，拖动"用途"主题，将其移动到思维导图右侧。调整后的各主题位置与图 6-1 所示的相同。

（9）为主题插入外框和联系。按住 Ctrl 键，依次单击"简短""概括""助记"3 个子主题，单击工具栏上的"外框"按钮，为选中的主题分组。

选中"长度"子主题，单击工具栏上的"联系"按钮，为长度与关键词分组建立联系，双击"联系"，将线上的"联系"修改为"等长"。拖动联系线上的控制点可以调整曲线角度和方向，如图 6-8 所示。

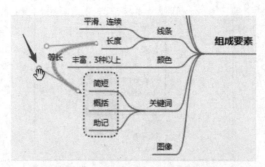

图 6-8　为主题插入外框和联系

（10）为主题插入概要和标签。首先选择"放射思维"，按住 Shift 键，然后单击"分析思维"，全选思维能力的所有子主题。单击工具栏上的"概要"按钮，插入概要。双击"概要"，将其修改为"多看，多练　多学，多思"（主题框内换行通过 Shift+Enter 组合键实现）。

选择"放射思维"主题，单击"插入"按钮，在弹出的子菜单中选择"标签"命令，输入"发散性"。使用相同方法，依次为"创造思维""归纳思维""分析思维"分别插入标签"联想性""条理性""整体性"，效果如图 6-9 所示。

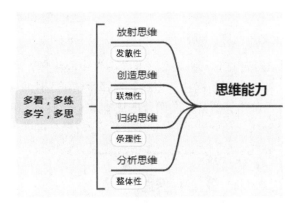

图 6-9　为主题插入概要和标签

（11）为主题插入笔记。选择"产生"主题下的"左、右脑的不同功能"子主题，单击工具栏的"笔记"按钮，插入笔记并设置字体格式，编辑内容如图 6-10 所示。

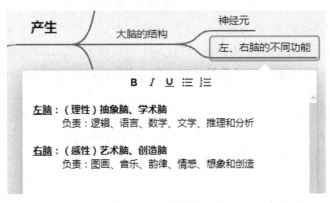

图 6-10　为主题插入笔记

（12）美化思维导图。单击窗口右侧的"格式"按钮，打开格式设置窗格。

在"格式"窗格"样式"选项卡中，可以对主题结构、字体效果、线条和边框的样式、颜色、形状、填充色等元素进行设置和修改。在"格式"窗格"画布"选项卡中，可以对画布的风格、背景和线条等项目进行设置。

选择"思维导图"中心主题，单击"格式"窗格中的"样式"选项卡，勾选"边框"复选项，并设置边框粗细为"第 3 个选项"，边框颜色为"第 3 行第 5 列"，如图 6-11 所示。

单击画布空白处，切换"画布"选项卡，设置画布线主题分支为"彩虹分支第一项"，如图 6-12 所示，修改思维导图各分支线条颜色（也可以在"样式"窗格下分别设置每条分支的线条颜色）。

图 6-11　设置中心主题边框线粗细和颜色　　　　　　图 6-12　设置画布线主题

（13）为主题添加标记或贴纸。双击"思维导图"中心主题，将光标调整至最前面，单击窗口右侧的"图标"按钮，打开图标任务窗格，选择"贴纸"选项卡中"教育"类的"博士帽"图片，插入贴纸图片。单击该图片，在图片四周有 4 个控制点，可用于调整图片尺寸，如图 6-13 所示。

图 6-13　为主题添加标识或贴纸

依照此方法，为其他 5 个主题添加贴纸并调整尺寸。

（14）保存思维导图，并以 PNG 图片形式导出思维导图。选择"文件"菜单中的"保存"命令（或使用 Ctrl+S 组合键），保存思维导图文件为"思维导图实例 1.Xmind"，并设置合适的保存路径。

单击工具栏上的"分享"按钮 △，在弹出的菜单中选择 PNG 命令，弹出图 6-14 所示的"导出为 PNG"对话框，设置"内容"和"缩放"后，单击"导出"按钮，在弹出的"导出"对话框中设置保存路径，输入文件名称后，单击"保存"按钮导出图片。

图 6-14　"导出为 PNG"对话框

操作提示： 思维导图不仅像本例一样可由模板生成，还可由图库生成。

四、实训练习

利用 XMind 软件制作一份个人简历，可参考图 6-15，也可自行设计思维导图的风格。

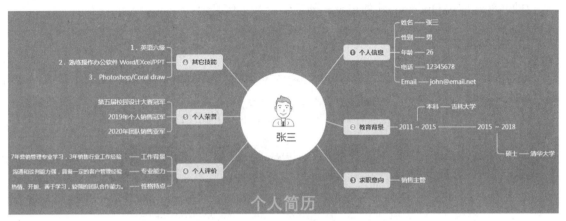

图 6-15　用思维导图制作个人简历

实训项目 2　OneNote 2016 电子笔记

电子笔记软件是一种集收集、管理、智能分类，以及搜索、网络共享等强大功能于一身的知识管理工具软件。它可以将我们从外部获取的信息和想法进行归纳和整理，并以数字化的形式存储和分享。现在主流的电子笔记软件有 OneNote、EverNote（印象笔记）、有道云笔记、Notability 和 GoodNotes 等。

OneNote 被称为现在 PC 端上最强大的电子笔记软件之一，每台 Windows 10 计算机中都自带 OneNote 软件，如果能够很好地利用该软件，则可以给我们的学习和生活带来很大的益处。与其他电子笔记软件相比，除了同样具有可反复修改、可搜索、可高效编辑和可统一管理等共性之外，OneNote 软件还有以下几点优势：

（1）它的操作逻辑与其他 Office 组件相同，上手非常容易，可以与其他 Office 软件无缝对接。

（2）OneNote 免费用户也有 5G 的存储空间（OneDrive），将电子笔记上传至云端可以实现多平台云端同步共享，使用计算机、手机和平板都可以随时浏览和备份，并且 OneNote 2016 更是支持本地存储，没有网络环境也可以进行操作。

（3）OneNote 软件全功能免费，无使用期限。OneNote 主流版本有两个：OneNote UWP 版本（Windows 10 自带）和 OneNote 2016 版本（Office 2016 套件）。UWP 版本有专门针对平板、手机或触摸屏设计的功能，结合手写设备使用更加高效，它界面简洁、外观美观、同步性能较强，比较适合日常记录随手内容或听课笔记。而 OneNote 2016（桌面）版本功能更全面丰富，适用于管理、分类知识体系，总结、整理学习内容等。

下面通过一个简单实例介绍 OneNote 软件的基本操作功能，使读者了解使用电子笔记辅助学习、整理知识的方法。关于 OneNote 的更多操作和功能，读者可以自己进行进一步的学习和探索。

一、实训目的

（1）掌握 OneNote 软件的层次结构和工作界面。

（2）熟练应用 OneNote 软件记录、整理学习和工作笔记。

二、实训准备

（1）到 OneNote 软件官方网站（https://www.onenote.com/download）下载并安装 OneNote 相应版本。

（2）熟悉 OneNote 软件的操作界面布局。本实训使用的素材均在为学习本章而创建的"第6章"文件夹中。

三、实训内容及步骤

【案例 6-2】使用 OneNote 软件制作听课笔记。

操作要求如下：

（1）利用 OneNote 的层次结构，创建一本笔记"计算机基础"，将各章作为一个分区，将各小节作为一页。

（2）完成"第六章 实用软件"第一页的内容，如图 6-16 所示。

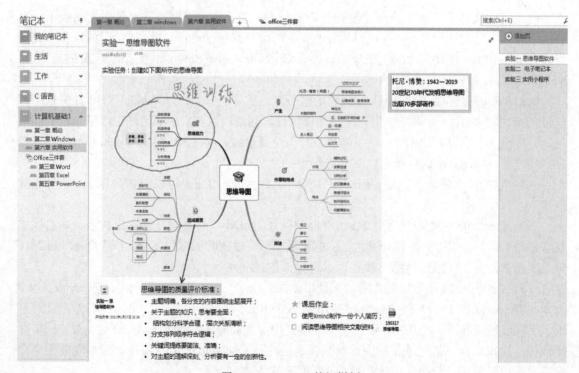

图 6-16　OneNote 笔记样例

（3）将 PowerPoint 和 PDF 文档导入第 6 章实训项目 1 的笔记中。

（4）将当前页的笔记以 PDF 文档形式导出至计算机中进行存储或打印输出。

实训过程与内容如下：

（1）新建笔记本。选择"开始"→"所有程序"→"OneNote 2016"命令，启动 OneNote 2016。单击"文件"按钮，启动 OneNote 后台操作界面，单击"新建"按钮打开"新笔记本"界面，如图 6-17 所示。

图 6-17　"新笔记本"界面

选择笔记本存放位置，在本例中选择将新笔记本存储到 OneDrive 网盘上，输入笔记本名称"计算机基础"后，单击"创建笔记本"按钮（也可以选择将笔记本存储于本地硬盘中）。

操作说明：同学们可以通过邮箱注册 Office 账户，申请 OneDrive 网盘 5G 免费空间。

（2）OneNote 的层次结构。OneNote 2016 的指南中有一张图片，如图 6-18 所示，可以很好地说明 OneNote 的布局方式和逻辑结构。OneNote 是由笔记本、分区（或分区组）及页（和子页）三层结构组成的。OneNote 2016 的界面默认左侧笔记窗格为折叠方式，可通过单击当前显示的笔记本名称，在弹出的窗格中切换不同的笔记本；也可以单击窗格右上脚的图钉按钮 ，将窗格展开。

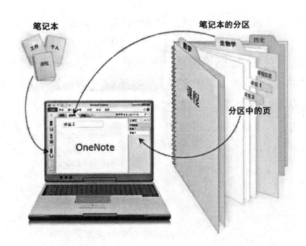

图 6-18　OneNote 的三级层次结构

在 OneNote 工作区的上方是分区（或分区组）的标签，单击标签后的"加号"按钮 ＋新建分区；也可以右击分区标签，在弹出的快捷菜单中选择"新建分区"或"新建分区组"命令，如图 6-19 所示。

图 6-19　OneNote 的分区操作的快捷菜单

按图 6-20 所示的内容，在当前笔记本中创建三个分区和一个分区组，并且通过双击分区标签输入分区名称（也可以通过快捷菜单选择"重命名"命令来定义分区或分区组名称）。

图 6-20　"计算机基础"笔记本的分区结构

双击"Office 三件套"，进入分区组界面，按上述相同方法创建 3 个子分区，如图 6-21 所示。然后单击标签左侧的 5 按钮，返回父分区组。

图 6-21　"Office 三件套"分区的内容

OneNote 会自动为各分区使用不同的标签颜色，也可以通过"页颜色"菜单项修改标签颜色。

在 OneNote 工作区的右侧是页标签窗格，如图 6-22 所示，可以通过"添加页"按钮在分区结尾处添加页面，可通过"插入页"按钮 在当前位置添加新页面，也可以通过在页标题上右击，在弹出的快捷菜单（图 6-23）中对页面进行更多操作。

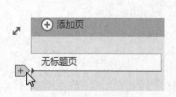

图 6-22　页标签窗格

图 6-23　页面操作的快捷菜单

在"第六章 实用软件"分区中新建 3 个子页:"实验一 思维导图软件""实验二 电子笔记本""实验三 实用小程序"。

(3)编辑"实验一 思维导图软件"页面。输入页面标题之后,OneNote 会在标题下方自动插入创建笔记的日期和时间,用户可以选择日期和时间对象进行删除、移动和复制等操作。

1)将光标定位在日期下面,直接输入笔记内容"实验任务:创建如下图所示的思维导图",OneNote 会自动为输入的文本(对象)创建文本框,与 Office 其他组件一样,可以通过功能区"开始"选项卡的"字体"组上的按钮对字体进行相应设置;也可应用"样式"框中提供的样式选择快速设置文本样式。

2)将光标定位到下一行,单击"插入"选项卡,选择"图像"→"图片"命令,插入实训一中创建的"思维导图实例 1.PNG"图片,将其插入笔记中,效果如图 6-24 所示。

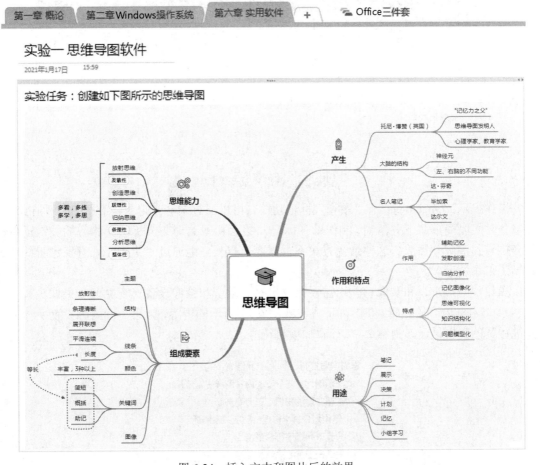

图 6-24　插入文本和图片后的效果

3)单击"插入"选项卡中的"表格"按钮,插入一个 1×1(1 行 1 列)的表格,将光标定位于表格中,在"表格工具"→"布局"功能区中,设置表格底纹颜色为"黄色",然后在插入的表格内部再插入一个 1×1 的表格,设置嵌套的表格底纹颜色为"浅蓝色",输入文本内容,并调整内、外表格尺寸,完成效果如图 6-25 所示。可以将光标放置于文本框四周来调整文本框的位置和尺寸。

图 6-25　在笔记页面插入表格效果

4）通过"录音"和"录像"功能记录笔记。将光标定位于图片下方，单击"插入"选项卡中的"录音"按钮，如图 6-26 所示，OneNote 开始录音。单击"音频和视频"功能区的"停止"按钮，结束录音。

图 6-26　单击"录音"按钮

操作提示：OneNote 具有"录音"标记功能，可以通过录音来记录学习内容，并在录音过程中分时间段简单写下关键词（制作录音标记），之后听录音时将光标移到相应的关键词单击，就会跳转到该部分播放。这种录音方式不再需要一点一点地通过"快进"来查找想听的部分，提高了工作效率。

操作说明：录音和录像功能均需要计算机具有录音和录像设备（麦克风和摄像头）。

5）文本框内容的编辑。在图片下方输入图 6-27 所示的内容，为第 1 行内容设置字体大小，并进行黄色突出显示，为第 2～7 行添加项目符号。

❖ 思维导图的质量评价标准：
- 主题明确，各分支的内容围绕主题展开；
- 关于主题的知识，思考要全面；
- 结构划分科学合理，层次关系清晰；
- 分支排列顺序符合逻辑；
- 关键词提练要简洁、准确；
- 对主题的理解深刻、分析要有一定的创新性。

图 6-27　插入笔记内容

双击文本框左侧的向右的箭头图标▷，可以折叠文本内容，效果如图 6-28 所示；双击⊞图标可以展开内容。可以通过拖动每行前的图标▷，调整每行文本顺序。文本框中的内容可通过拖动的方式进行拆分和合并。

思维导图的质量评价标准：

图 6-28　折叠文本内容

6）绘图功能。OneNote 的绘图功能区主要用于手写笔记，在手机端、平板或具有手写板设备的计算机上可以使记笔记变得更高效和个性化。

单击"绘图"功能区"工具"组中的"颜色和粗细"按钮，打开"颜色和粗细"对话框，如图 6-29 所示。设置绘图笔颜色为"绿色"，粗细为"0.7 毫米"，绘制如图 6-30 所示的图形和文字。再单击工具组中的"内置笔，红色 1.0mm"，在形状中选择"箭头 A"，在"组成要素"与下面的文本框之间绘制一个红箭头。

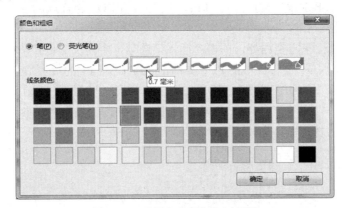

图 6-29　"颜色和粗细"对话框

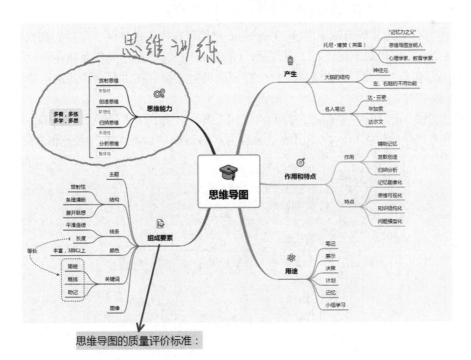

图 6-30　绘制图形和文字

7）标记的使用。在页面空白处单击，选择"开始"功能区"标记"中的"重要"标记（或按 Ctrl+2 组合键）插入重要标记，输入"课后作业"后按 Enter 键。再选择"待办事项"标记，输入两行待办事项，如图 6-31 所示。

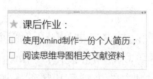

图 6-31   输入两行待办事项

8）导入 PDF 和 PPT 文档。OneNote 允许以附件或打印样式导入文档。

将光标定位于课后作业文本框后面，单击"插入"选项卡中的"文件附件"按钮，在弹出的对话框中选择"第六章"文件夹下的 PDF 文件，将 PDF 文件以附件形式插入文档，双击其图标即可打开文档。

将光标定位于页面下方空白处，单击"插入"选项卡中的"文件打印样式"按钮，在弹出的对话框中选择"第六章"文件夹中的 PPT 文档，将 PPT 文档中的每页幻灯片插入当前页面中。

操作说明：将多页的 PPT 文档或 PDF 文档导入到同一页面中，需在通过"文件"→"选项"→"高级"命令打开的 OneNote 选项对话框的"打印输出"栏中取消勾选"在多个页面上插入长打印输出"复选框，如图 6-32 所示。

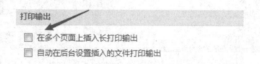

图 6-32   取消勾选"在多个页面上插入长打印输出"复选框

9）同步存储笔记并导出笔记内容。OneNote 软件没有提供单独的"保存"操作功能，它具有实时存储功能，每当对笔记进行了修改后，OneNote 会将其自动同步存储在云盘（或本地硬盘）上。可以通过"文件"→"选项"命令打开选项对话框，在"保存和备份"功能中设置默认备份（存储）时间。

选择"文件"→"导出"命令，打开"导出"界面，如图 6-33 所示，以 PDF 格式导出当前页面。单击"导出"按钮，在弹出的"另存为"对话框中输入保存的路径和文件名称即可。

图 6-33   "导出"界面

四、实训练习

利用 OneNote 软件，使用表格嵌套的方式布局页面，绘制如图 6-34 所示的时间计划表。

图 6-34　时间计划表

操作提示：

- 新建一个页面，在功能区的"视图"选项卡中，选择"纸张大小"为 A4，选择"页面颜色"为自己喜欢的颜色。
- 制作完成后，选择功能区的"插入"→"页面模板"命令，在弹出的菜单中选择"页面模板"命令，打开右侧"页面模板"窗格，勾选最下方的"将当前页另存为模板"复选框，设置模板名称即可。

附加内容：两款实用工具

在我们使用计算机进行学习或者工作时，经常会遇到需要截图的情况，比如分享有趣的对话、截取部分网页、保存重要信息等。应该说，Windows 10 自带的截图功能已经可以基本满足我们对截图的需求了，但是当我们需要对截图进行标注等相关编辑操作时，它就显得有些力不从心了。下面我们介绍两款非常简单实用的小工具。

（1）截屏贴图工具——Snipaste。

（2）Gif 录制和剪辑工具——ScreenToGif。

一、Snipaste

Snipaste 即 Snip+Paste（截屏+贴图），是一款 Windows 平台上免费且功能很强的同时具备截屏和贴图两项功能的工具软件。

1. 下载与安装

目前，Snipaste 已经登录微软的应用商店，使用 Windows 10 系统的用户可以登录微软账号后直接在应用商店中搜索 Snipaste 并下载安装即可；没有登录账号或者正在使用其他 Windows 系统的用户，可以在官网（https://zh.snipaste.com）下载并安装使用。

安装并启动 Snipaste 后，该软件以托盘图标常驻任务栏的方式运行。将光标定位到软件图标上可以看到当前安装的 Snipaste 版本、截屏/贴图的快捷键以及贴图数量，如图 6-35 所示。

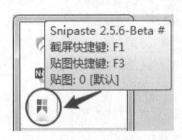

图 6-35　Snipaste 托盘图标及相关信息

右击，在弹出的菜单中选择"首选项"命令，弹出图 6-36 所示的"Snipaste 首选项"对话框。在该对话框中，我们可以根据个人使用习惯进行相应设置，其中包括常规、界面、截图、贴图、输出等选项设置，在每个具体设置项的页面底部都有"恢复默认"按钮，可以一键恢复默认设置。这里我们勾选"开机启动"复选框，这样在以后使用计算机的过程中，只需按 F1 键即可进入截屏状态，按 F3 键可以实现贴图操作。

图 6-36　"Snipaste 首选项"对话框

2. 截屏功能

使用 Snipaste 截屏功能主要是使用默认的 F1 键进入截屏页面，可以通过右击退出截屏状态。Snipaste 的较新版本增加了截取正方形的功能键，进入截屏界面后，按住 Shift 键，然后选取截屏区域，即可得到正方形区域。

　　截屏区域可以根据实际需求任意更改位置及尺寸，甚至可以使截屏选取框实现像素级移动或扩大/缩小，如图 6-37 所示。

图 6-37　Snipaste 截屏界面

　　在选取区域后，按方向键可使截屏区域上、下、左、右移动，一次移动一个像素；使用"Ctrl+方向键"组合键可以按照所选的方向放大截屏区域；使用"Shift+方向键"组合键可以缩小截屏区域。在截屏过程中，Snipaste 会随着鼠标的移动自动检测选取截屏范围，如果自动检测的范围没有完整地包含某个窗口，则按 Tab 键就可以精确地选择出当前窗口的范围。

　　选取截屏区域后单击，我们可以选择直接保存截图，也可以对该部分进行标注，可使用工具栏中的工具进行标注，如图 6-38 所示。

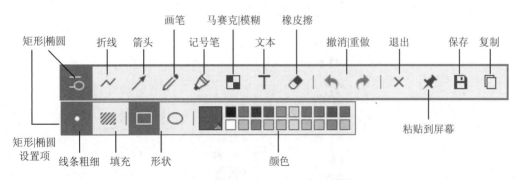

图 6-38　Snipaste 的工具栏

　　如图 6-39 所示，可以对标注的图形或文字调整尺寸和方向或设置边框粗细、填充颜色等。

　　对截屏进行的所有标注操作都可以撤回或重做，最后可以选择退出截屏或者将修改后的截屏贴到屏幕上，也可以将截屏保存到本地或者复制到剪切板。

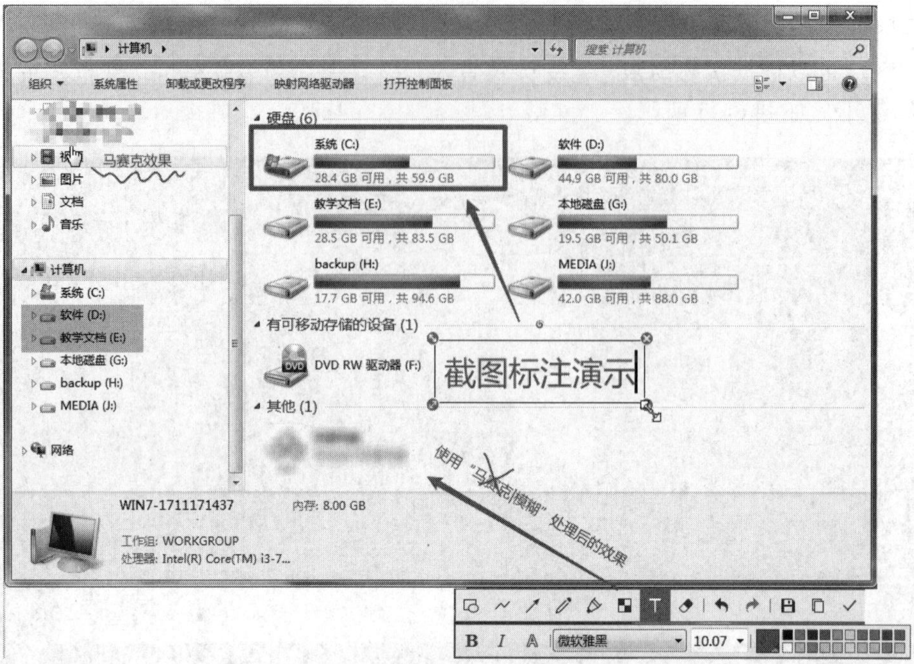

图 6-39　Snipaste 标注举例

3. 贴图功能

贴图就是将一定的内容以图片的形式粘贴到屏幕上，粘贴出来的原内容不一定是图片。Snipaste 实现粘贴的前提是之前进行过复制操作，复制后的内容会存储在剪切板里，也就是说，Snipaste 会将剪切板里的内容作为图片置顶显示在屏幕上。

在选定截屏区域后，可以直接使用 Ctrl+T 组合键，将截图贴在屏幕上，或者复制好内容后，直接按 F3 键完成粘贴操作。

贴图后，在图片上右击，在弹出的快捷菜单（图 6-40）中选择相应的命令可以对图片进行缩放、旋转、设置尺寸、设置透明度等相关操作。

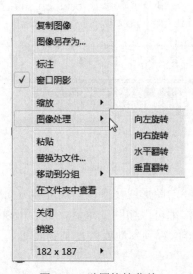

图 6-40　贴图快捷菜单

对于贴到屏幕上的图片，我们也可以对其进行标注修改。单击屏幕上的贴图，然后右击选择"标注"或者选中贴图后直接按 Space 键调出标注工具条。针对贴图的标注操作与截图基本一致，最后仍然可以将完成标注的贴图保存到本地或者复制到剪贴板。

贴图的处理方式有 3 种：关闭、隐藏和销毁。

（1）关闭贴图。双击贴图即可关闭贴图。关闭的贴图可以再次恢复贴出，使用鼠标滚轮单击托盘图标即可，恢复关闭的贴图有数量限制，恢复数量无法超过在"首选项"→"贴图"→"行为"中设置好的数目。

（2）隐藏贴图。实现隐藏贴图的快捷键是 Shift+F3，该操作仅可让贴图暂时不显示，在将贴图暂时隐藏后可以使用 Shift+F3 组合键再次显示贴图（隐藏贴图不会影响关闭贴图的数量）。

（3）销毁贴图。当确认自己不再需要某张贴图，并且不希望这张贴图留下任何痕迹时，建议进行销毁。被销毁的贴图不会再通过贴图键恢复。销毁操作可通过 Shift+Esc 组合键或在右键菜单中选择"销毁"命令实现。

以上是对 Snipaste 基本操作的介绍，对于这款软件的更多特性，还有待大家去挖掘和探索。在托盘图标右键菜单中的帮助选项里有关于 Snipaste 更详尽的操作说明，也可访问官网（https://docs.snipaste.com）的文档页面进行了解。

二、ScreenToGif

有很多时候，单纯截图或者拍照难以表达清楚某件事情，录成视频又因文件太大而不方便在各类平台上传播，此时就需要制作动态图形（GIF）。下面我们就介绍一款制作 GIF 动图的小工具 ScreenToGif。

ScreenToGif 是一个 GitHub 开源项目，开源基本上就意味着软件安全、绿色、免费、无广告，尽管它是国外的软件，但是也提供中文版本，界面也比较简洁、亲切。ScreenToGif 可以实现多种录制功能，还可以对录制后的 GIF 格式的动画图像进行编辑和优化。

1. 下载及安装

ScreenToGif 官方下载地址为 https://www.screentogif.com。官网提供两个下载版本，便携式（1.3MB）是免安装的 EXE 文件；安装版（3.3MB）按照提示步骤安装即可，很方便。

安装后启动 ScreenToGif 软件，启动窗口如图 6-41 所示，界面简单干净，提供录像机、摄像头、画板、编辑器 4 个功能。单击"选项"按钮，打开"选项"对话框，其中包括关于启动、常规、主题、摄制、编辑、语言选择等的设置，用户可根据个人操作习惯设置相关选项。

图 6-41　"ScreenToGif-启动"窗口

2. 录制 Gif 动态图片

ScreenToGif 软件提供 3 种拍摄图像的方式：录像机、摄像头和画板。3 种方式的操作方法大致相同，单击"录像机"按钮，进入"录像机"模式，在屏幕上会出现一个录制框，如图 6-42 所示，其下端是录像工具栏。

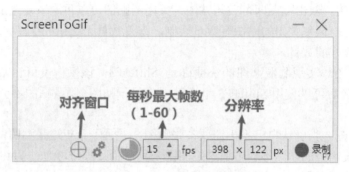

图 6-42　ScreenToGif 录制框

拖动对齐窗口图标到录制窗口，ScreenToGif 软件会自动识别并吸附窗口，如图 6-43 所示，在吸附的窗口四周会出现白色边框。也可以通过分辨率自定义录像窗口的尺寸，或直接拖动录制框的边缘框住要录制的区域。

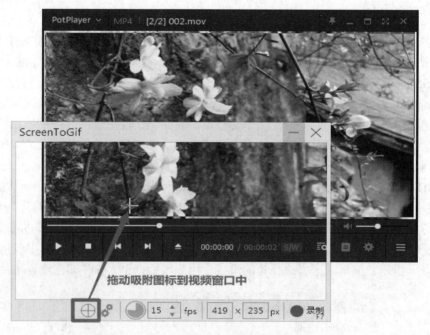

图 6-43　ScreenToGif 自动识别并吸附窗口

ScreenToGif 的帧速率为 1～60FPS（默认为 15FPS），帧速率在 10～12FPS 以上，画面看起来才会是连续的。帧速率越高，画面越清晰，但图像占用的文件也越大。一般将帧速率设置在 15～20FPS 之间即可。

单击"录制"按钮或按 F7 键即可以开始录制。软件的默认快捷键如下：开始/暂停（F7），停止（F8），放弃（F9）。也可以在选项对话框中重新设置快捷键。

摄像头功能需要计算机具备录像设备（摄像头），画板录制会打开一个画板录制框，如图 6-44 所示，可以录制在白板上书写文字或绘制图画的过程。

图 6-44　ScreenToGif 画板录制框

ScreenToGif 的画板具有自动录制功能，当用鼠标开始画画时，软件会自动开始录制，一旦停下鼠标，则自动停止录制，这样可以保证整个白板绘制显得很流畅。

3. 编辑 Gif 动态图形

采用以上 3 种方式录制结束之后，ScreenToGif 会自动启动编辑器窗口，如图 6-45 所示。在编辑器中可以编辑前面录制的内容，也可以导入其他动图或视频文件进行修改编辑。

图 6-45　ScreenToGif 编辑器窗口

我们以前面画板录制的"S>G"文字内容为例，进行编辑操作。

（1）使用"播放"预览录制的内容。单击"播放"功能区中的按钮，播放图片查看录制效果，或逐帧查看图片，或使用状态栏上的播放按钮组进行查看，也可单击动画帧数区中的图片，在编辑区查看每帧图片。

（2）使用"编辑"功能区提供的相应功能，调整图片数量或图片顺序等。

从图 6-45 可以看到，录制内容共 82 帧，由于比我们需要的动图帧数多，故选择"编辑"功能区中的"减少帧数"命令，打开右侧"减少帧数"窗格，如图 6-46 所示。

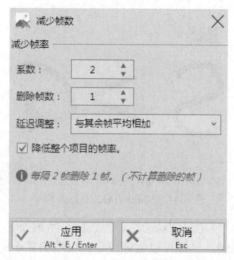

图 6-46　"减少帧数"窗格

设置系数为 2，删除帧数为 1，其余项选择默认（每 3 帧中保留前 2 帧，删除第 3 帧），将帧数调整为 54 帧。可以通过调整每帧的播放时长来调整动图速率，按 Ctrl+A 组合键全选图片，选择"编辑"→"延时"→"缩放"命令，打开右侧"缩放"窗口，设置比例为 80%。调整后的动图数据可通过"统计"功能区查看，如图 6-47 所示。

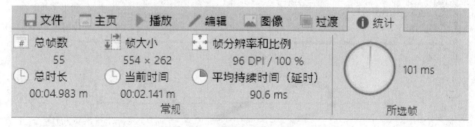

图 6-47　调整后的动图数据

（3）使用"图像"功能区修改图片。全选图片，选择"图像"→"调整大小"命令，打开右侧窗格，设置图片高和宽至合适尺寸，或使用"裁剪"命令剪辑图片。

选择"自由文本"命令，打开图 6-48 所示的右侧窗格，设置插入文本内容和字体、摆放位置（布局中的数据根据自身录制的图像设置，此例放置于图片右下角）。设置完成后，按 Ctrl+A 组合键全选图片，单击"应用"按钮（否则只将文本插入当前所选图片中）。

选择"边框"命令，在打开的右侧窗格中为图片设置边框，颜色为"蓝色"、四边框粗细均为 3，按 Ctrl+A 组合键全选图片，单击"应用"按钮。

单击"水印"按钮，打开右侧窗格，单击"选择"按钮，选择前面制作的含有"S>G"文字的图片，设置不透明度为 20%，比例为 100%，全选图片，单击"应用"按钮。

还可以为图片进行添加"阴影""字幕"，绘制图形，设置过渡效果等，读者可以自己尝试进行设置。

（4）选择"文件"→"另存为"命令，在右侧打开的"另存为"窗格中按图 6-49 所示进行设置，保存文件类型为 GIF，采样率为 1，并设置文件保存路径和文件名称，其余项默认即可，单击"保存"按钮生成 GIF 文件，如图 6-50 所示。

图 6-48　"自由文本"窗格

图 6-49　保存编辑后的 GIF 文件

图 6-50　GIF 图中的一帧图片

第7章　计算机网络操作基础

本章实训的基本要求：

- 学会使用浏览器。
- 能够收发电子邮件。
- 学会使用安全防护软件。
- 学会使用搜索引擎。
- 学会下载常用软件。
- 掌握利用网络进行自主学习的方法。

实训项目1　谷歌浏览器基本操作

一、实训目的

（1）掌握谷歌浏览器的安装过程。
（2）掌握谷歌浏览器的使用方法。
（3）了解谷歌浏览器的常用设置。

二、实训准备

（1）WWW 的概念。WWW（World Wide Web）可译成"全球信息网"或"万维网"，有时简称 Web。WWW 由无数网页组合在一起，是 Internet 上的一种基于超文本的信息检索和浏览方式，是目前 Internet 用户使用最多的信息查询服务系统。

（2）浏览器（Browser）。在互联网上浏览网页内容离不开浏览器。浏览器实际上是一个软件程序，用于与 WWW 建立连接，并与之进行通信。它可以在 WWW 系统中根据链接确定信息资源的位置，并显示用户感兴趣的信息资源，解释 HTML 文件，然后还原文字、图像或者多媒体信息。

Google 浏览器是由 Google（谷歌）公司开发的开放原始码网页浏览器。该浏览器是基于其他开放原始码软件编写的，包括 WebKit 和 Mozilla，目标是提升稳定性、速度和安全性，并创造出简单且有效率的使用者界面，软件的名称来自又称作 Chrome 的网络浏览器图形使用者界面（GUI）。软件的 Beta 测试版本在 2008 年 9 月 2 日发布，提供 43 种语言版本，适用于 PC、iOS 和 Linux 的快速浏览器。

（3）下载及安装谷歌浏览器。首先在网站下载 CHROME.EXE 软件包，下载完成后会得到 RAR 格式的压缩包，右击压缩包，在弹出的快捷菜单中选择"解压到当前文件夹"命令，即可得到 32 位和 64 位的 CHROME.EXE（关于软件下载以及 RAR 格式的压缩文件操作在后面的实践内容中会有详细介绍）。接下来需要查看计算机系统的版本（32 位或者 64 位），选择合适的版本并双击运行就可以开始安装了，如果不知道计算机的系统版本，可以返回桌面，右击"此电脑（计算机）"，然后在弹出的快捷菜中选择"属性"命令，进入计算机的基本信息界面，查看系统版本。

双击 CHROME.EXE 文件后，软件自动安装（因为谷歌浏览器无法设置安装位置，所以软件会自动安装到系统 C:盘中），谷歌浏览器安装速度是很快的，通常等待 2~3min 就可以完成安装。安装完成后就可以通过桌面的快捷方式使用谷歌浏览器了。

三、实训内容及步骤

1. 用谷歌浏览器浏览 Web 网页

实训过程与内容如下：

（1）双击桌面上的谷歌浏览器的图标，或选择"开始"→"谷歌浏览器"命令，即可打开"谷歌浏览器"窗口，如图 7-1 所示。

图 7-1　"谷歌浏览器"窗口

（2）在地址栏中输入要浏览的 Web 站点的 URL（统一资源定位符）地址，可以打开其对应的 Web 主页。

操作提示：URL 地址是 Internet 上 Web 服务程序中提供访问的各类资源的地址，是 Web 浏览器寻找特定网页的必要条件。每个 Web 站点都有唯一的 Internet 地址，简称网址，其格式都应符合 URL 格式的约定。

（3）在打开的 Web 网页中，常常会有一些文字、图片、标题等，将鼠标指针定位到其上面，若鼠标指针会变成⍨形，表明此处是一个超链接。单击该超链接，即可进入其指向的新的 Web 页。

（4）在浏览 Web 页时，若用户想回到上一个浏览过的 Web 页，则可单击工具栏上的"后退"按钮←；若想转到下一个浏览过的 Web 页，则可单击"前进"按钮→。

2. 设置谷歌浏览器的起始页面

浏览器启动后显示的第一个网站页面可以根据用户需要进行设置，方法如下：

（1）单击谷歌浏览器右上角的 ⋮ 按钮，如图 7-2 所示。

图 7-2　设置起始页

（2）在弹出的快捷菜单中选择"设置"命令，如图 7-3 所示。

图 7-3　选择"设置"命令

（3）在弹出的界面中的"显示'主页'按钮"项下选择"输入自定义网址"单选按钮，如图 7-4 所示。

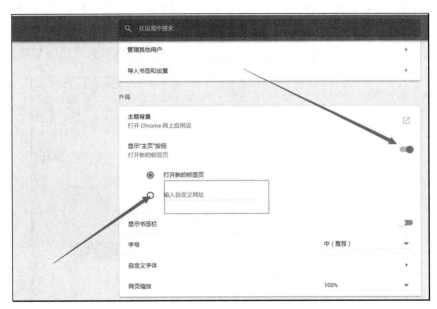

图 7-4 选择"输入自定义网址"单选按钮

（4）在弹出的如图 7-5 所示的界面中的文本框内输入要作为首页的网址。

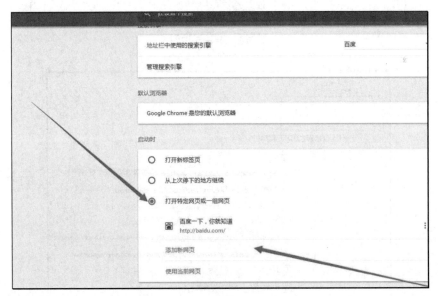

图 7-5 输入要作为首页的网址

3. 清除谷歌浏览器的使用痕迹（缓存）

在使用很长时间的谷歌浏览器后，会感觉打开网页的速度比较慢，这可能是因为没有清除过浏览器的缓存，所以需要进行清除操作。而且在浏览器的使用过程中产生的临时文件可能会被恶意的程序利用，产生信息泄露的危险，故也需要进行清除操作。

　　先打开谷歌浏览器，单击界面（图 7-6）上的 ⋮ 按钮，界面会弹出菜单选项栏，单击"历史记录"选项进入下一步，或者按 Ctrl+H 组合键进入谷歌浏览器历史记录界面，如图 7-7 所示，界面上显示的就是今天的浏览数据，单击界面上方的"清除浏览数据"按钮，进入清除浏览数据界面，在此自行设置清除选项，可以设置指定的时间段及其他选项，选择完成后，单击界面下方的"清除浏览数据"按钮就可以开始进行清理了。清理完成后会发现浏览器速度变快了。

图 7-6　单击 ⋮ 按钮

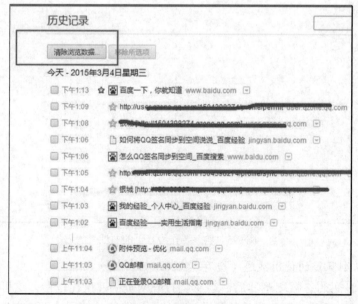

图 7-7　"设置"界面

4. 谷歌浏览器网页截图功能

首先单击谷歌浏览器界面上方的 ⋮ 按钮，然后在弹出的菜单栏选项中选择"设置"命令，进入设置界面，如图 7-8 所示。

（a）⋮ 按钮

（b）"设置"命令

图 7-8　进入"设置"界面

在"设置"界面的左侧可以看到"扩展程序"选项（图 7-9），单击该选项进入下一步。

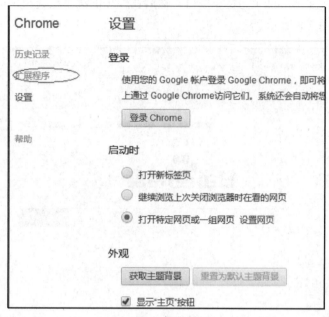

图 7-9　"扩展程序"选项

接下来选择获取更多扩展程序，如图 7-10 所示。

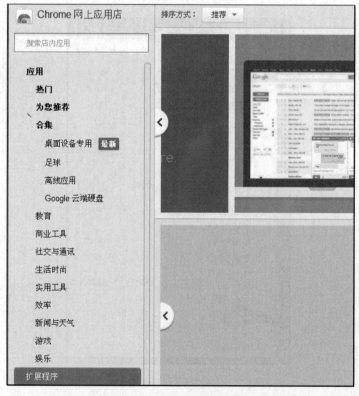

图 7-10　获取更多扩展程序界面

此时可以进入谷歌网上应用商店界面，如图 7-11 所示。

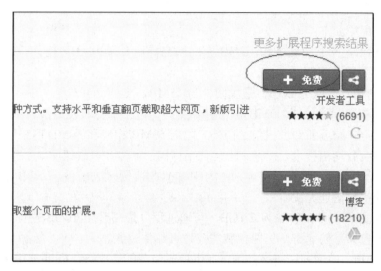

图 7-11　谷歌网上应用商店界面

我们在谷歌网上应用商店界面左侧的搜索框中输入想要的软件，比如截图选项，则在界面的右侧会出现很多截图选项的扩展程序。

在众多扩展程序中选择一个适合自己的程序，然后单击该程序后面的"免费"按钮就可以进行安装了（选择的扩展程序应该是好评较多的）。单击"免费"按钮后，这个扩展程序就会安装到谷歌浏览器中，在安装时会弹出提示窗口，直接单击"添加"按钮就可以了。

添加完成后在谷歌浏览器界面右上方会有一个截图图标，如图 7-12 所示，当需要截图时单击该图标就可以了，非常方便。

图 7-12　截图图标

实训项目 2　利用电子邮箱收发电子邮件

一、实训目的

（1）掌握如何申请免费电子邮箱。

（2）掌握利用免费电子邮箱收发邮件。

二、实训准备

常见的电子邮箱如下：

（1）163 邮箱，网易免费邮箱，3GB 空间，支持超大（20MB）附件，280MB 网盘，精准过滤超过 98%的垃圾邮件。

（2）新浪邮箱，容量为 2GB，最大附件为 15MB，支持 POP3。

（3）TOM 邮箱，提供 1500MB 超大存储空间，电子邮件收发更快、更稳定、更安全。专业 24h 在线杀毒，垃圾邮件一概拒之门外。附送 50MB 相册和 30MB 网络硬盘，稳定快速，采用全球先进的负载均衡技术，在根本上优化了访问、上传及下载速度。安全杀毒，引入世界顶级杀毒软件，全方位抵御病毒、黑客、垃圾邮件的攻击。无忧大附件，1.5GB 邮箱容量、30MB 大附件支持，让用户沟通无忧。

（4）21CN 邮箱，基础容量为 2.1GB，可通过积分最高升至 10GB 空间，20M 大附件，顶级杀毒软件卡巴斯基防病毒，第四代智能反垃圾邮件过滤。

（5）搜狐邮箱，中文邮箱著名品牌，提供搜狐免费邮箱服务，提供 4GB 超大空间，支持单个超大 10MB 附件。强大的反垃圾邮件系统可过滤近 98%的垃圾邮件。

（6）腾讯邮箱，最大附件 50MB，支持 POP3，提供安全模式。

（7）Gmail 邮箱，减少垃圾邮件，利用 Google 的创新技术可以将垃圾邮件拒于收件箱之外，超大空间，超过 7000MB 的免费存储空间。

（8）Hotmail 邮箱，微软旗下的邮箱，5GB 超大存储容量，可无限适量增加，从熟悉的经典版本开始，任何时候都可以切换到完全版以使用高级功能。Microsoft 提供的安全功能，获得专利权的 Microsoft SmartScreen 技术可帮助用户收件箱免受垃圾邮件和病毒的侵扰。

三、实训内容及步骤

1. 电子邮箱的申请

下面以申请 163 网易免费邮箱为例，介绍申请邮箱账号的过程。在浏览器地址栏中输入 mail.163.com，进入网易邮箱主页，如图 7-13 所示。单击"注册网易邮箱"按钮。

图 7-13   申请页面

在弹出的注册页面中输入要申请的电子邮箱地址、密码及手机号码，如图 7-14 所示，勾选"同意《服务条款》《隐私政策》和《儿童隐私政策》"复选框，单击"立即注册"按钮，如果电子邮箱地址没有被占用，则按照接下来的提示进行操作即可。

图 7-14　注册页面

2. 电子邮件的收发

成功申请了电子邮箱后，就可以登录自己的邮箱收发电子邮件了，邮箱首页如图 7-15 所示。

图 7-15　邮箱首页

单击"写信"按钮，弹出"写信"界面，如图 7-16 所示，依次填写"收件人""主题"及邮件内容。如果需要发送文件，可以单击"添加附件"按钮，然后选择要发送的文件，最后单击"发送"按钮，即可把邮件发送出去。

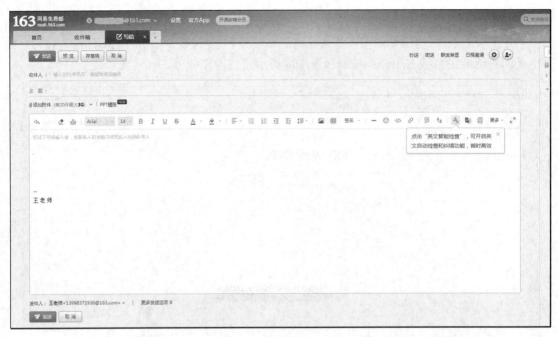

图 7-16　"写信"界面

如果要接收邮件，单击"收信"按钮，就可以看到接收到的邮件的列表，单击具体邮件可以看到邮件的内容。

实训项目 3　搜索引擎的使用

一、实训目的

（1）掌握搜索引擎的使用方法。

（2）了解常用的网络下载方式，并能通过搜索引擎找到并下载软件。

二、实训准备

1. 了解搜索引擎

搜索引擎（Search Engine）是 Internet 上具有查询功能的网页的统称，是开启网络知识殿堂的钥匙、获取知识和信息的工具。随着网络技术的飞速发展，搜索技术日臻完善，中外搜索引擎已广为人们熟知和使用。任何搜索引擎均有特定的数据库索引范围、独特的功能和使用方法及预期的用户群指向。它是一些网络服务商为网络用户提供的检索站点，搜集了网上各种资源，然后根据一种固定的规律进行分类，提供给用户进行检索。互联网上信息量十分巨大，恰当地使用搜索引擎可以帮助我们快速找到自己需要的信息。

2. 常用的中文搜索引擎

常用的中文搜索引擎有百度中文搜索引擎（http://www.baidu.com）、360 搜索引擎（http://www.so.com）、网易搜索引擎（http://www.163.com）等。

三、实训内容及步骤

1. 使用 360 搜索引擎查找资料

实训过程与内容如下:

(1) 打开"360 搜索"主页,如图 7-17 所示。

图 7-17 "360 搜索"主页

(2) 关键字检索。在检索栏内输入关键字符串,单击"搜索"按钮,搜索引擎会搜索中文分类条目、资料库中的网站信息及新闻资料库,搜索完毕后显示检索结果,用户单击某个链接即可查看详细内容。360 搜索引擎会提供符合全部查询条件的资料,并把最相关的网页排在前列。

输入搜索关键词时,输入的查询内容可以是一个词语、多个词语或一句话。例如:可以输入"李白""歌曲下载""蓦然回首,那人却在灯火阑珊处"等。

(3) 360 搜索引擎严谨认真,要求搜索词"一字不差"。例如:分别使用搜索关键词"核心"和"何欣",会得到不同的结果。因此在搜索时,可以使用不同的词语。

(4) 如果需要输入多个词语搜索,则输入的多个词语之间用一个空格隔开,可以获得更精确的搜索结果。

(5) 使用 360 搜索引擎时不需要使用符号"AND"或"+"。

(6) 使用 360 搜索引擎可以使用减号"-",但减号之前必须输入一个空格,以排除含有某些词语的资料,有利于缩小查询范围,有目的地删除某些无关网页。例如,要搜寻关于"武侠小说",但不含"古龙"的资料,可使用如下查询:"武侠小说-古龙"。

(7) 并行搜索。使用"A|B"来搜索"或者包含词语 A,或者包含词语 B"的网页。例如:要查询"图片"或"写真"的相关资料,无须分两次查询,只需输入"图片|写真"进行搜索即可。搜索引擎会提供与"|"前后任何字词相关的资料,并把最相关的网页排在前列。

(8) 相关检索:如果无法确定输入什么词语才能找到满意的资料,则可以使用 360 搜索引擎进行相关检索,即先输入一个简单词语搜索,然后 306 搜索引擎会提供"其他用户搜索过的相关搜索词语"作为参考，此时单击其中任何一个相关搜索词，都能得到与该搜索词相关的搜索结果。

2. 使用 360 搜索引擎下载软件

需要下载软件时可以通过 360 搜索进行查找，找到后进行下载。比如要下载"金山打字通"，首先在 360 搜索中输入"金山打字"，如图 7-18 所示。

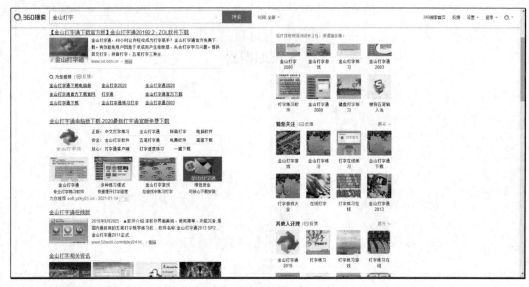

图 7-18　输入"金山打字"

建议用户选择比较知名的网站进行下载，比如"中关村在线"（www.zol.com.cn）（图 7-19）、"华军软件园"（www.onlinedown.net）等。

图 7-19　下载页面

然后向下翻页，找到下载链接，如图 7-20 所示。

图 7-20　找到下载链接

单击"官网下载"按钮便可开始下载。图 7-21 所示是下载的软件包。

名称	修改日期	类型	大小
typeeasy.22055.12012.0.zip	2021/1/14 16:48	WinRAR ZIP 压缩...	25,732 KB

图 7-21　下载的软件包

如果下载的是"EXE"文件（可执行文件），则直接双击运行，便开始自动安装。如果下载的是"RAR"或"ZIP"文件（压缩文件），则需要解压后再安装（双击文件调用 RAR 软件打开压缩包），打开的压缩包如图 7-22 所示。

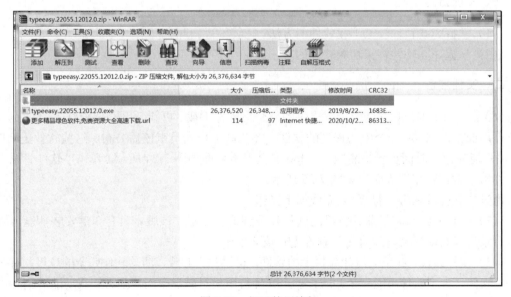

图 7-22　打开的压缩包

选中要解压的文件，单击"解压到"按钮，选择目标文件夹，如图 7-23 所示。

图 7-23 选择目标文件夹

单击"确定"按钮后，文件便从压缩包中解压出来。最后双击解压出来的文件便可自动进行安装。

实训项目 4 利用 360 软件管家下载及卸载软件

一、实训目的

（1）掌握 360 软件管家下载软件的方法。

（2）掌握 360 软件管家卸载软件的方法。

二、实训准备

360 软件管家是 360 安全卫士中提供的一个集软件下载、更新、卸载、优化于一体的工具。由软件厂商主动向 360 安全中心提交的软件，经 360 工作人员审核后公布。这些软件更新时，360 用户能在第一时间更新最新版本。360 安全卫士界面如图 7-24 所示。单击"软件管家"按钮，弹出"软件管家"界面，如图 7-25 所示。

通过"软件管家"，用户可以完成如下操作：

（1）软件升级。将当前计算机的软件升级到最新版本，该版本具有一键安装功能，用户设定目录后可自动安装，适合多个软件无人值守安装。

（2）软件卸载。卸载当前计算机上的软件，可以强力卸载，清除软件残留的垃圾。有时某些杀毒软件、大型软件不能完全卸载，剩余文件占用大量磁盘空间，强力卸载功能可删除这类垃圾文件。

图 7-24　360 安全卫士界面

图 7-25　软件管家界面

（3）手机必备。"手机必备"是经过360 安全中心精心挑选的手机软件，安卓、塞班、苹果用户可以直接进入软件下载界面，而 WM 等其他平台的手机可以通过选择类似的机型来安装适合自己的软件。

（4）软件体检。帮助用户全面检测计算机软件问题并进行一键修复。

三、实训内容及步骤

1. 360 软件管家下载软件的方法

实训过程与内容如下：

以安装视频软件"爱奇艺视频"为例，介绍用"软件管家"安装软件的过程。首先打开"软件管家"，单击窗口上方的"宝库"按钮，在左侧"宝库分类"栏中选择"视频软件"选项，系统将在主窗口的软件列表中列出"软件管家"中包含的所有视频软件。单击"爱奇艺视频"右侧的"一键安装"按钮进行安装，如图 7-26 所示。

图 7-26　软件安装界面

2. 360 软件管家卸载软件的方法

实训过程与内容如下：

首先打开"软件管家"，单击窗口上方的"卸载"按钮，在左侧将显示系统中已经安装的软件列表，选择"视频软件"选项，系统将在主窗口的软件列表中列出本系统中包含的所有视频软件。单击"爱奇艺视频"右侧的"一键卸载"按钮进行卸载，如图 7-27 所示。

图 7-27　软件卸载界面

实训项目5　网络自主学习方法

一、实训目的

（1）掌握查找网络上的学习资源的方法。
（2）掌握登录、注册、通过网络自主学习的方法。

二、实训准备

　　网络作为一种重要的课程资源，具有海量、交互、共享等特性，我们可以利用网络进行自学。下面就以一个非常优秀的自学网站"我要自学网"为例进行介绍。
　　"我要自学网"是由来自计算机培训学校和职业高校的教师联手创立的一个视频教学网，网站里的视频教程均由经验丰富的在职教师原创录制，同时提供各类贴心服务，让用户享受一站式的学习体验。

三、实训内容及步骤

1．查找"我要自学网"官网

实训过程与内容如下：
　　在"百度"页面搜索关键字"我要自学网"，在弹出的列表中选择"我要自学网"官网首页，如图 7-28 所示。

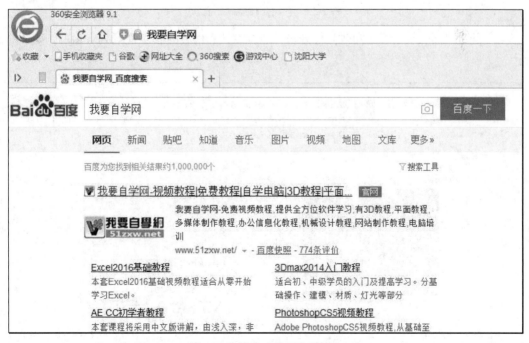

图 7-28　搜索"我要自学网"

　　用户登记注册为学员后，便可免费观看各类视频教程（少部分 VIP 服务需要缴费）。学员除了能够免费获取视频教程以外，网站还提供了各种辅助服务，有课程板书、课程素材、课后练习、设计素材、设计欣赏、课间游戏、就业指南、论坛交流等栏目。

　　2. 利用网络自主学习"Dreamweaver CS5 网页制作教程"

　　实训过程与内容如下：

　　（1）登录"我要自学网"首页，如图 7-29 所示。

图 7-29　"我要自学网"首页

　　（2）选择"网页设计"菜单项，打开与"网页设计"相关的教学视频列表窗口，如图 7-30所示。

图 7-30　与"网页设计"相关的教学视频列表窗口

（3）选择"Dreamweaver CS5 网页制作教程"进入学习教程，列表显示该网站提供的具体可选择学习的章节，如图 7-31 所示。

图 7-31　章节列表

（4）选择具体章节进入学习窗口，如图 7-32 所示。

图 7-32　进入学习窗口

（5）单击视频下方的"获取资料"按钮，注册学员可以获取课程相关资料，如图 7-33 所示。

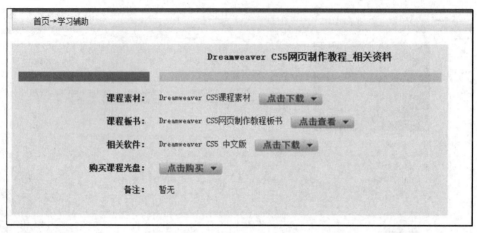

图 7-33　下载资源窗口

四、实训练习

（1）申请一个免费的电子邮箱。
（2）使用免费邮箱将 Word、Excel 的综合大作业发送给任课教师。
（3）使用"360 软件管家"下载一个视频播放软件。

五、实训思考

（1）每次访问 Internet 时，如何避免重复输入密码？
（2）为什么要把 E-mail 附件保存到磁盘中？
（3）什么类型的文件可以作为 E-mail 附件？

参考文献

[1] 姚晓杰. 大学计算机信息素养基础实验指导[M]. 北京：中国水利水电出版社，2018.

[2] 秦凯. 计算机基础与应用实验指导[M]. 北京：中国水利水电出版社，2018.

[3] 黄海玉. 大学计算机信息素养基础[M]. 北京：中国水利水电出版社，2018.

[4] 华文科技. 新编 Word/Excel/PPT 商务办公应用大全[M]. 北京：机械工业出版社，2017.

[5] 李彤，张立波，贾婷婷. Word/Excel/PPT 2016 商务办公从入门到精通[M]. 北京：电子工业出版社，2016.

[6] WALKENBACH J. 中文版 Excel 2016 宝典[M]. 9 版. 赵利通，卫琳，译. 北京：清华大学出版社，2016.